PEIDIANWANG
GUZHANG DINGWEI JISHU

配电网
故障定位技术

国网福建省电力有限公司　组编

王永明　主编

中国电力出版社
CHINA ELECTRIC POWER PRESS

内 容 提 要

《配电网故障定位技术》以培养供电企业配电网一线班组人员职业技能为出发点，以现场运维为核心，结合案例分析，编写而成。

本书分为 5 章，分别为概述、配电网常见故障、配电网架空线路故障定位及处理、配电网电缆线路故障定位及处理、配电网故障定位技术应用实例，并附有规划供电区域划分表，方便读者使用。

本书可供从事配电网运维人员和管理人员使用。

图书在版编目（CIP）数据

配电网故障定位技术/王永明主编；国网福建省电力有限公司组编. —北京：中国电力出版社，2018.9（2023.9 重印）

ISBN 978-7-5198-2431-0

Ⅰ. ①配…　Ⅱ. ①王…　②国…　Ⅲ. ①配电系统–故障诊断　Ⅳ. ①TM727

中国版本图书馆 CIP 数据核字（2018）第 215990 号

出版发行：中国电力出版社
地　　址：北京市东城区北京站西街 19 号（邮政编码 100005）
网　　址：http://www.cepp.sgcc.com.cn
责任编辑：罗　艳（yan-luo@sgcc.com.cn，010-63412315）
责任校对：黄　蓓　太兴华
装帧设计：张俊霞
责任印制：石　雷

印　　刷：固安县铭成印刷有限公司
版　　次：2018 年 9 月第一版
印　　次：2023 年 9 月北京第三次印刷
开　　本：710 毫米×1000 毫米　16 开本
印　　张：10.5
字　　数：192 千字
定　　价：42.00 元

编写委员会名单

编写单位

国网福建省电力有限公司

国网福建省电力有限公司电力科学研究院

华北电力设计院有限公司

清华大学

国网北京市电力公司电力科学研究院

国网湖南省电力有限公司电力科学研究院

国网河北省电力有限公司电力科学研究院

国网湖北省电力有限公司电力科学研究院

国网福建省电力有限公司莆田供电公司

国网福建省电力有限公司南安市供电公司

国网安徽省电力有限公司黄山供电公司

福建省电力有限公司泉州电力技能研究院

福建省电机工程学会

主　　编　王永明

副 主 编　姚　亮

编写人员（按贡献大小排序）

　　　　黄建业　何　锋　梁威魄　张道农

　　　　张艳妍　张志丹　赵　邈　马天祥

　　　　饶　强　杨志淳　彭春柳　王　宾

　　　　王文林　翁晓春　郭文坚

前　言

　　为积极服务配电网精益化运维管理对人才的需求，提升配电网运维管理水平，培养一批高技术配电网运维一线人才，全国输配电技术协作网组织各省电力公司、华北电力设计院有限公司、高校等生产运维技术专家，基于理论分析，结合现场案例，归纳配电网故障定位各种技术，编写《配电网故障定位技术》一书，展示不同类型故障的研判、处理方法，为读者提供可实际应用的参考，指导配电网运维人员工作的顺利开展。

　　《配电网故障定位技术》以培养供电企业配电网一线班组人员职业技能为出发点，以现场运维为核心，结合案例分析，编写成工具书教材，指导现场人员针对不同配电网故障类型选取针对性的技术手段，提升配电网故障研判、处理效率。

　　《配电网故障定位技术》坚持系统、精炼、实用的原则，整体规划及教材编写切合配电网一线班组人员阅读需求，描述配电网短路、单相接地、断路等典型故障特征及危害，总结归纳国内主流配电网故障定位先进技术和方法，并结合实际应用案例阐述不同定位技术的适用场合。在编写过程中，广泛征求各网省技术专家的建议，充分吸取设备厂商和高校在设备生产和运行研究的先进经验，共同完成编制。

本书分 5 章，第 1 章为概述，由国网福建省电力有限公司、清华大学编写；第 2 章为配电网常见故障，由国网河北省电力有限公司电力科学研究院、国网北京市电力公司电力科学研究院编写；第 3 章为配电网架空线路故障定位及处理，由国网湖南省电力有限公司电力科学研究院、国网湖北省电力有限公司电力科学研究院编写，第 4 章为配电网电缆线路故障定位及处理，由国网北京市电力公司电力科学研究院、国网河北省电力有限公司电力科学研究院编写；第 5 章为配电网故障定位技术应用实例，由国网湖南省电力有限公司电力科学研究院、国网福建省电力有限公司、国网河北省电力有限公司电力科学研究院、国网北京市电力公司电力科学研究院、国网安徽省电力有限公司黄山供电公司编写。

由于编者自身的认识水平有限，本教材难免有遗漏之处，恳请各位读者赐教，帮助我们不断更正并提高教材质量水平。

编　者

2018 年 7 月

目 录

概　述

1.1　配电系统组成

1.1.1　配电线路与网架结构

配电网作为电网的重要组成部分，承担着绝大部分电力用户的供电服务功能，是保障电力供应的关键，是影响供电可靠性的最重要环节。按照配电线路的不同可以将配电网分为架空线配电网、电缆配电网、架空线电缆混合配电网。架空配电线路主要由杆塔、导线、避雷线（也称架空地线或简称地线）、绝缘子、金具、拉线和基础等元件组成。架空线路的优点是投资少、造价低，结构简单，易于检修，建设周期短、速度快，输送容量大等；缺点是影响市容市貌，易受雷击危害、外力危害，易受污染等。架空线路组成元器件多且多数为裸露在空气中，因此导致短路或接地故障的概率更大，但故障一般为瞬时性故障易于查找。电力电缆主要由线芯（导体）、绝缘层、导体屏蔽层和外护套四部分组成，不同的部分材质不同，发挥着不同的作用。电缆线路故障率低，但故障多为永久性，且较为隐蔽，导致故障定位难。

除线路类型外，不同的网架结构也直接影响供电的质量和可靠性。配电网的网架结构可以归纳为：放射式、树状式、环形、"手拉手"环网、网格等不同的结构。10kV 架空线路宜采取多分段、单辐射接线方式；10kV 电缆线路接线方式宜采用双环式、单环式。

1.1.2　中性点接地方式

中性点接地方式一般分为两类，中性点有效接地方式和中性点非有效接地方式。中性点有效接地方式下系统的零序与正序电抗之比（X_0/X_1）为正值并且不大于 3，而其零序电阻与正序电抗之比（R_0/X_1）不应大于 1。中性点有效接地方式即中性点直接接地。中性点非有效接地方式可分为中性点不接地、中性点经低电阻接地、中性点经高阻接地方式和中性点谐振接地（中性点经消弧线圈接地）。6～35kV配电网一般采用中性点非有效接地方式，包括中性点不接地、中性点经低电阻接地和中性点经消弧线圈接地。

（1）中性点不接地方式。一般情况下，我国6～20kV系统当单相接地故障电容电流不超过10A时，采用不接地系统；35、66kV系统视电容电流大小，一般当单相接地故障电容电流不超过10A时，也采用不接地系统。

（2）中性点经消弧线圈接地方式。1916年彼得逊发明了消弧线圈，并于1917年首台在德国Pleidelshein电厂投运至今，已有86年的历史。广泛适用于中压电网，在世界范围有德国、中国、苏联和瑞典等国的中压电网均长期采用此种方式，显著提高了中压电网的安全经济运行水平。

对于中压配电网中日益增加的电缆馈电回路，虽接地故障的概率有上升的趋势，但因接地电流得到补偿，单相接地故障并不发展为相间故障。因此中性点经消弧线圈接地方式的供电可靠性，大大地高于中性点经中、低电阻接地方式。但此种接地方式存在的问题是：

1）当系统发生接地时，由于接地点残流很小，且根据规程要求消弧线圈必须处于过补偿状态，接地线路和非接地线路流过的零序电流方向相同，故零序过电流、零序方向保护无法检测出已接地的故障线路。

2）因运行在中压配电网的消弧线圈仍然存在大量的手动调匝结构，必须在退出运行后才能调整，也没有在线实时检测电网单相接地电容电流的设备，故在运行中不能根据电网电容电流的变化及时进行调节，所以不能很好地起到补偿作用，仍出现弧光不能自灭及过电压问题。

3）中性点位移电压过高问题。自动调谐消弧线圈有可能会对配电网的中性点位移电压造成影响，比如预调试消弧线圈，如果阻尼电阻选择不合适，投入电网后距离谐振点很近，中性点位移电压就会长时间过高。

多年来，针对上述中性点经消弧线圈接地方式带来的缺陷，通过大量的科研实践活动，在自动跟踪消弧线圈及单相接地选线技术方面已经取得了显著进步，并已投入实际运行取得良好效果。

我国35、10、6kV三个电压中中性点经消弧线圈接地方式较为普遍，Q/GDW 10370—2016《配电网技术导则》规定10kV配电网络中，单相接地故障电容电流在10～100A时，宜采用中性点经消弧线圈接地方式，接地电流宜控制在10A以内。

（3）中性点经低电阻接地方式。我国6～35kV电缆配电网、发电厂厂用电系统、风力发电厂集电系统、除矿井以外的工业企业供电系统，当单相接地电容电流较大时，一般采用中性点低电阻接地方式。中性点经低电阻接地方式中，单相接地故障电流应控制在 1000A 以下；Q/GDW 10370—2016 要求中性点经低电阻接地系统阻值不宜超过 10Ω，使零序保护具有足够的灵敏度。各地在电阻阻值的选择上则会结合供电可靠性、人身安全、继电保护等因素综合考量，如 10kV 配电网中性点经低电阻接地的地区，上海选择为 6Ω，单相接地故障电流为 1000A；北京、天津、无锡等地选择 10Ω，单相接地故障电流为 600A；厦门、广州、深圳、珠海、惠州、南昌等地选择为 16Ω，单相接地故障电流为 400A。

中性点经低电阻接地方式存在以下优缺点。

1）系统单相接地时，健全相电压不升高或升幅较小，对设备绝缘等级要求较低，其耐压水平可以按相电压来选择。

2）接地时，由于流过故障线路的电流较大，零序过流保护有较好的灵敏度，可以比较容易检出接地线路。

3）由于接地点的电流较大，当零序保护动作不及时或拒动时，将使接地点及附近的绝缘受到更大的危害，导致相间故障发生。

4）当发生单相接地故障时，无论是永久性的还是非永久性的，均作用于跳闸，使线路的跳闸次数大大增加，严重影响了用户的正常供电，使其供电的可靠性下降。

（4）中性点接地方式对比与选择。目前，国网公司系统 10、35kV 配电网中性点主要有中性点不接地、中性点经消弧线圈接地和中性点经低电阻接地三种方式。三种接地方式数量占比约为：中性点不接地方式 68.5%、中性点经消弧线圈接地方式 28.2%、中性点经低电阻接地方式 3.3%。

中性点不接地方式、中性点经消弧线圈接地方式和中性点经低电阻接地方式各有优劣，具体见表 1-1。

表 1-1　　　　　　　　　　　中性点接地方式对比

中性点接地方式	不接地	消弧线圈接地	低电阻接地
单相接地故障电流	很小	最小	高阻 1～10A 低阻 100～1000A
单相接地非故障相电压	等于或略大于 $\sqrt{3}$ 倍相电压	$\sqrt{3}$ 倍相电压	0.8～$\sqrt{3}$ 倍相电压
弧光接地过电压	最高可达 $\sqrt{3}$～3.5 倍相电压	可抑制在 2.5 倍相电压以下	可抑制在 2.8 倍相电压以下
操作过电压	最高可达 4～4.5 倍相电压	一般不大于 4 倍相电压	较低
熄弧能力	自然熄弧	熄弧能力较强	快速切除
故障处理	处理速度较慢	处理速度较慢	快速切除

續表

中性点接地方式	不接地	消弧线圈接地	低电阻接地
选线或保护效果	一般	差	准确
运行维护	简单	采用自动调谐产品简单，采用非自动调谐产品复杂	相对简单
人身安全	触电时间长，跨步电压小	触电时间长，跨步电压小	触电时间短，跨步电压大
适用条件	电容电流小于10A	电容电流大于10A且小于150A	电容电流大于150A或以电缆网为主
综合费用	最低	中等	最高

中性点接地方式选择应根据配电网电容电流，统筹考虑负荷特点、设备绝缘水平以及电缆化率、地理环境、线路故障特性等因素，并充分考虑电网发展，避免或减少未来改造工程量。各类供电区域 35、10kV 配电网中性点接地方式宜符合表 1-2 的要求。

表 1-2　　　　　供电区域适用的接地方式

规划供电区域	中性点接地方式		
	低电阻接地	消弧线圈接地	不接地
A+	√	—	—
A	√	√	—
B	√	√	—
C	—	√	√
D	—	√	√
E	—	—	√

按单相接地故障电容电流考虑，10kV 配电网中性点接地方式选择应符合以下原则：

1）单相接地故障电容电流在 10A 及以下，宜采用中性点不接地方式；

2）单相接地故障电容电流超过 10A 且小于 100～150A，宜采用中性点经消弧线圈接地方式；

3）单相接地故障电容电流超过 100～150A 以上，或以电缆网为主时，宜采用中性点经低电阻接地方式；

4）同一规划区域内宜采用相同的中性点接地方式，以利于负荷转供。

各个阶段的配电网建设与经济发展、技术发展、气候环境等息息相关，因此不同地理、不同气候、不同时间建设的配电网形式各不相同，导致国内涌现了各式各样的结构、设备与系统接线，包括接线方式、线路类型、构成形式、中性点接地方式等。如发达地区缆化率高，则采用中性点经低电阻方式；一般城市多数采用中性点经消弧线圈接地方式；偏远地区架空线路多，则采用中性点不接地方式。如沿海地区盐雾腐蚀严重，则要考虑线路及紧固件、支撑件的材质防腐能力；台风多发地区要考虑杆塔基础的建设与杆塔类型的选择等。

不同形式的配电网故障率、故障处理能力各不相同。如电缆线路故障率低，且多数为永久性故障，因此一般不投入重合闸；架空线路受运行环境影响，故障率高，且瞬时故障占比高，因此一般投入重合闸。中性点经低电阻接地系统发生单相接地故障后故障电流大，因此可直接选择性跳闸；而中性点不接地系统和中性点经消弧线圈接地故障单相接地故障后故障电流小，因此一般采用选线装置或通过人工拉线进行故障选线。

1.2　配电自动化简介

配电网继电保护与配电自动化是近年推行的处理配电网故障直接手段。配电自动化是以一次网架和设备为基础，以配电自动化系统为核心，综合利用多种通信方式，实现对配电系统的监测与控制，并通过与相关应用系统的信息集成，实现配电系统的科学管理。

配电自动化系统主要由配电主站、配电终端和通信通道等部分组成。配电主站是配电自动化系统的核心部分，主要实现配电网数据采集与监控等基本功能和电网分析应用等扩展功能。配电终端是安装于中压配电网现场的各种远方监测、控制单元的总称，主要包括馈线终端 FTU、站所终端 DTU 和配变终端 TTU。随着配电自动化技术的发展，其他类型配电终端还包括配电线路分段控制器、分支分界控制器、带通信故障指示器等。配电自动化主流的通信方式包括工业以太网、EPON、无线公网、无线专网、电力载波等，适用于不同的应用场合。

配电自动化的实施一般分为简易型、实用型、标准型、集成型和智能型等。简易型配电自动化系统是基于就地检测和控制技术的一种准实时系统，广泛应用的有二种模式。第一种模式是采用故障指示器来获取配电线路上的故障信息，由人工现场巡视线路上的指示器翻转变色来判断故障。第二种模式是在配电开关应用重合器或配电自动开关，可以通过开关之间的逻辑配合（如时序等）就地实现配电网故障的隔离和恢复供电。实用型配电自动化系统是利用多种通信手段，以两遥（遥信、遥测）为主，并对部分具备条件的一次设备可实行单点遥控的实时监控系统。标准型配电自动化系统是在实用型的基础上增加基于主站控制的馈线自动化功能，对通信系统要求较高，一般需要采用可靠、高效的通信手段（如光纤），配电一次网架应该比较完善且相关的配电设备具备电动操作机构和受控功能。集成型配电自动化系统是在标准型的基础上，通过信息交换总线或综合数据平台技术将企业里各个与配电相关的系统实现互联。智能型是在标准型或集成型配电自动化系统基础上，扩展对于分布式电源、微网以及储能装置等设备的接入功能。

    配电自动化作为故障定位的主流思路，国内建设规模逐步扩展，且实现形式要综合考虑配电网网架、经济情况、通信情况等因素。目前国内配电自动化系统多数采用集中型，通过主站−终端两层架构，实现正常时运行监视，故障时信息上传、故障处理等；通信不发达地区也采用就地方式，通过重合器、分段器的逻辑配合实现故障定位与隔离。

配电网常见故障

2.1 中压配电网故障

短路故障就是指不同电位的导电部分包括导电部分对地之间的电阻短接。电力系统在正常运行时，除中性点以外，相与相、相与地之间是绝缘的，所谓短路是指相与相或相与地之间发生短路。造成短路的主要原因是电气设备载流部分绝缘的损坏、误操作、异物跨接导电部分和绝缘损坏所造成。短路电流会对供电系统产生极大的危害。

在三相电力系统中，可能发生单相接地短路、两相短路、两相接地短路和三相短路。各类短路故障发生比例及故障录波图特点见表 2−1。

表 2−1 各 种 故 障 对 比

序号	故障类型	占总故障比例（%）	性质	故障录波图及特点
1	单相接地短路	65	在中性点直接接地系统中，一相与地短接，属于不对称短路故障	波形图如图 2−1 所示。其特点如下：① 故障相电压降低为 0，非故障相电压升高为线电压；② 中性点电压升高为相电压；③ 故障电流为电容电流，稳态电流幅值较小
2	两相短路	10	两相同时在一点短接，属于不对称短路故障	波形图如图 2−2 所示。其特点如下：① 短路电流和电压中不存在零序分量；② 两故障相中的短路电流的绝对值相等，方向基本相反；③ 短路时非故障相电压在短路前后不变，两故障相电压总是大小相等，数值上为非故障相的一半
3	两相接地短路	20	在中性点直接接地系统中，两相在不同地点与地短接，属于不对称短路故障	波形图如图 2−3 所示。其特点如下：① 故障两相电流幅值增大，相位相反，两相电压降低；② 非故障相对地电压升高为额定电压的 1.5 倍；③ 系统中出现零序电压和零序电流

序号	故障类型	占总故障比例（%）	性质	故障录波图及特点
4	三相短路	5	三相同时在一点短接，属于对称短路故障	波形图如图2-4所示。其特点如下：① 三相电流增大，三相电压降低；② 没有零序电流、零序电压；③ 故障态的电压与电流仍然保持对称

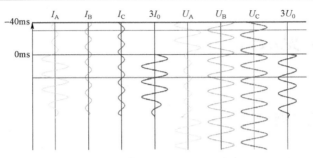

图 2-1　单相接地故障波形图

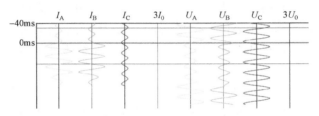

图 2-2　两相短路故障波形图

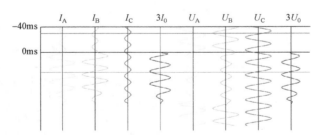

图 2-3　两相短路接地故障波形图

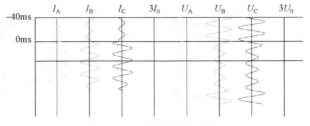

图 2-4　三相短路波形图

2.1.1 单相接地故障

单相接地故障是中压配电网中最常见的故障类型，不同的接地方式下的单相接地故障特点有所不同，下面对各种接地方式下的单相接地故障特点加以说明。

2.1.1.1 中性点不接地系统单相接地故障特点

中性点不接地系统的简单网络接线示意图如图 2-5 所示。在正常运行情况下，三相对地有相同的电容 C_0，在相电压的作用下，每相都有一超前于相电压 $90°$ 的电容电流流入地中，若不考虑系统的不平衡度，三相电容电流之和等于零。假设 A 相发生单相接地短路，在接地点处 A 相对地电压为零，对地电容被短接，电容电流为零，而其他两相的对地电压升高 $\sqrt{3}$ 倍，对地电容电流也相应地增大 $\sqrt{3}$ 倍，相量关系如图 2-6 所示。

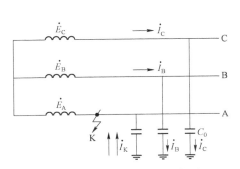
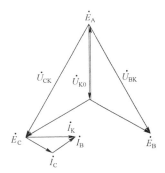

图 2-5 中性点不接地配电网　　　图 2-6 A 相接地相量图

由于线电压仍然三相对称，三相负荷电流对称，相对于故障前没有变化，下面只分析对地关系的变化。在 A 相接地以后，忽略负荷电流和电容电流在线路阻抗上产生的电压降，在故障点处各相对地的电压为

$$\begin{cases} \dot{U}_A = 0 \\ \dot{U}_B = \dot{E}_B - \dot{E}_A = \sqrt{3}\dot{E}_A \mathrm{e}^{-\mathrm{j}150°} \\ \dot{U}_C = \dot{E}_C - \dot{E}_A = \sqrt{3}\dot{E}_A \mathrm{e}^{\mathrm{j}150°} \end{cases} \qquad (2-1)$$

则母线中性点的零序电压为

$$\dot{U}_0 = \frac{1}{3}(\dot{U}_A + \dot{U}_B + \dot{U}_C) = -\dot{E}_A \qquad (2-2)$$

在故障处非故障相中产生的电容电流流向故障点

$$\begin{cases} \dot{I}_B = \dot{U}_{Bk}\mathrm{j}\omega C_0 \\ \dot{I}_C = \dot{U}_{Ck}\mathrm{j}\omega C_0 \end{cases} \qquad (2-3)$$

9

其有效值为 $I_B = I_C = \sqrt{3}U_{pb}j\omega C_0$，式中 U_{pb} 是相电压的有效值。

因为全系统 A 相对地的电压均等于零，因而各元件 A 相对地的电容电流也等于零,此时从故障处 A 相接地点流过的电流是全系统非故障相电容电流之和，即 $\dot{I}_k = \dot{I}_B + \dot{I}_C$。由图 2-7 可见，其有效值为 $I_k = 3U_{pb}j\omega C_0$，是正常运行时单相电容电流的 3 倍。

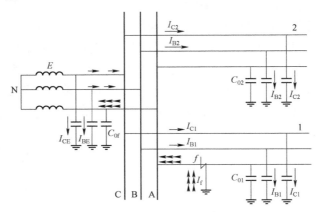

图 2-7   A 相接地网络接线图

当网络中有发电机 G 和多条线路存在时，每台发电机和每条线路对地均有电容存在，设以 C_{01}、C_{02}、C_{0f} 等集中电容来表示，当线路 2 的 A 相接地后，其电容电流分布用 "→" 表示。在非故障的线路 1 上，A 相电流为零，B 相和 C 相中有本身的电容电流，因此在线路始端所反应的零序电流为

$$3\dot{I}_{01} = \dot{I}_{B1} + \dot{I}_{C1} \qquad (2-4)$$

其有效值为

$$3I_{01} = 3U_{pb}\omega C_{01} \qquad (2-5)$$

健全线路的特点：健全线路中的零序电流为线路本身的电容电流，电容性无功功率的方向为由母线流向线路。当电网中的线路很多时，上述结论可适用于每一条非故障的线路。

在发电机 G 上，首先有它本身的 B 相和 C 相的对地电容电流 $\dot{I}_{BG}$ 和 $\dot{I}_{CG}$。但是，由于它还是产生其他电容电流的电源，因此，从 A 相中要流回从故障点流上来的全部电容电流,而在 B 相和 C 相流出和线路上同名相的对地电容电流。此时从发电机线路端所反应的零序电流仍应为三相电流之和。由图 2-3 可见，各线路的电容电流由于从 A 相流入后又分别从 B 相和 C 相流出了，因此相加后互相抵消，而只剩下发电机本身的电容电流，故

$$3\dot{I}_{0G} = \dot{I}_{BG} + \dot{I}_{CG} \qquad (2-6)$$

有效值为 $3I_{0G} = 3U_{pb}\omega C_{0G}$，即零序电流为发电机本身的电容电流，其电容性无功功率的方向是由母线流向发电机，这个特点与健全线路是一样的。

对于故障线路 2，在 B 相和 C 相上，流经它本身的电容电流为 $\dot{I}_{B2}$ 和 $\dot{I}_{C2}$，此外，在接地点要流回全系统 B 相和 C 相对地电容电流总和，其值为

$$\dot{I}_f = (\dot{I}_{B1} + \dot{I}_{C1}) + (\dot{I}_{B2} + \dot{I}_{C2}) + (\dot{I}_{BG} + \dot{I}_{CG}) \qquad (2-7)$$

有效值为

$$I_f = 3U_{pb}\omega(C_{01} + C_{02} + C_{0G}) = 3U_{pb}\omega C_{0\Sigma} \qquad (2-8)$$

式中　$C_{0\Sigma}$——全系统每相对地电容的总和。

此电流要从 A 相流过去，因此，从 A 相流出的电流可表示为 $I_{A2} = -I_f$，这样在线路 2 始端所留过的零序电流则为

$$3\dot{I}_{02} = \dot{I}_{A2} + \dot{I}_{B2} + \dot{I}_{C2} = -(\dot{I}_{B1} + \dot{I}_{C1} + \dot{I}_{BG} + \dot{I}_{CG}) \qquad (2-9)$$

其有效值为

$$3I_{02} = 3U_{pb}\omega(C_{0\Sigma} - C_{02}) \qquad (2-10)$$

故障线路的特点是：故障线路中的零序电流，其数值等于全系统非故障元件对地电容电流之总和（但不包括故障线路本身），其电容性无功功率的方向为由线路流向母线，恰好与健全线路上的相反。

根据上述分析结果，可以作为单相接地时的零序等效网络（如图 2-8 所示），在接地点有一个零序电压 $\dot{U}_0$，而零序电流的回路是通过各个元件的对地电容构成，与直接接地电网是完全不同的。利用图 2-8 所示的零序等效网络，对计算零序电流的大小和分布是十分方便的。

总结以上分析的结果，可以得出中性点不接地系统发生单相接地后零序分量分布的特点如下：

（1）零序网络由同级电压网络中元件对地的等效电容构成通路，与中性点直接接地系统由接地的中性点构成通路有极大的不同，网络的零序阻抗很大。

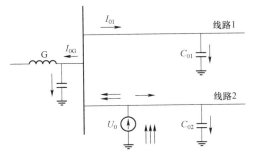

图 2-8　单相接地时零序等效网络

（2）在发生单相接地时，相当于在故障点产生了一个其值与故障相故障前相电压大小相等、方向相反的零序电压，从而全系统都将出现零序电压。

（3）在非故障元件中流过的零序电流，其数值等于本身的对地电容电流；电容性无功功率的实际方向为母线流向线路。

（4）在故障元件中流过的零序电流，其数值为全系统非故障元件对地电容电流之总和；电容性无功功率的实际方向为由线路流向母线。

2.1.1.2 中性点经消弧线圈接地系统中单相接地故障特点

根据以上的分析，当中性点不接地系统中发生单相接地时，在接地点要流过全系统的对地电容电流，如果此电流比较大，就会在接地点燃起电弧，引起弧光过电压，从而使非故障相的对地电压进一步升高，使绝缘损坏，形成两点或多点接地短路，造成短路事故。特别是，当环境中有可燃气体时，接地点的电弧有可能引起爆炸。为了解决这个问题，通常在中性点接入一个电感线圈，如图 2−9 所示。这样当单相接地时，在接地点就有一个电感分量的电流通过，此电流和原系统中的电容电流相抵消，可以减小流经故障点的电流，熄灭电弧。因此，称为消弧线圈。

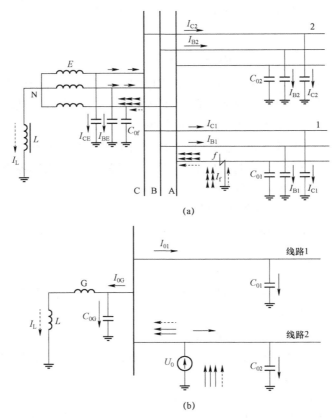

图 2−9　中性点经消弧线圈接地系统单相接地
（a）零序电流分布图；（b）零序网络图

10kV 配电网络中，单相接地故障电容电流在 10～100A 时，宜采用中性点经消弧线圈接地方式，接地电流宜控制在 10A 以内。

当采用消弧线圈以后，单相接地时的电流分布将发生重大的变化。假定在图 2-9（a）所示网络中，在电源的中性点接入了消弧线圈，当线路 2 上 A 相接地以后，电容电压的大小和分布与不接消弧线圈时是一样的，不同之处是在接地点又增加了一个电感分量的电流 $\dot{I}_L$，因此，从接地点流回的总电流为

$$\dot{I}_f = \dot{I}_L + \dot{I}_{C\Sigma} \tag{2-11}$$

式中：$\dot{I}_{C\Sigma}$ 为全系统的对地电容电流，可用式（2-6）计算；$\dot{I}_L$ 为消弧线圈的电流，即式中 L 为电感，则 $\dot{I}_L = \dfrac{-\dot{E}_A}{\mathrm{j}\omega L}$。

由于 $\dot{I}_{C\Sigma}$ 和 $\dot{I}_L$ 的相位相差 $180°$，因此 $\dot{I}_f$ 将因消弧线圈的补偿而减小。相似地，可以做出它的零序等效网络，如图 2-9（b）所示。

根据对电容电流补偿程度的不同，消弧线圈可以有完全补偿、欠补偿及过补偿三种补偿方式。系统通常采用过补偿接地方式，即 $I_L > I_{C\Sigma}$，补偿后的残余电流是电感性的，采用这种方法不可能产生串联谐振问题，因此，在实际中获得了广泛应用。

总结以上的分析结果，可以得出如下结论：当采用过补偿方式时，流经故障线路的零序电流等于消弧线圈零序电流与非故障元件零序电流之差，而电容性无功功率的实际方向仍然是由母线流向线路（实际上是感性无功由线路流向母线），和非故障线路的方向一样。

2.1.1.3 中性点经低电阻接地系统中单相接地故障特点

根据前文对中性点不接地方式的分析可知，发生单相接地故障时，整个系统的对地电容电流都会流向故障点，如果此电流比较大，故障点就会产生电弧引起弧光过电压，从而破坏健全相绝缘，造成停电事故。如果采用小电阻接地，该电阻为电容电荷的释放提供了通道，弧光接地过电压中的电磁能得到衰减，从而降低了中性点电位抑制了过电压的幅值，有利于电弧熄灭。小电阻接地方式放大了故障点的故障电流，属于大电流接地系统，接地保护可以按照设定要求更好地实现保护功能，其接线示意如图 2-10 所示。

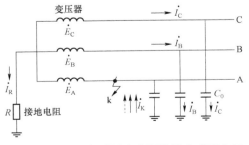

图 2-10 中性点采用小电阻接地方式配电网

当中性点采用小电阻接地，系统 A 相发生单相接地故障时，各相电压变化、电容电流的大小和分布与中性点不接地系统相同，不同的地方在于故障点流入了阻性电流 $\dot{I}_R$。

因此故障点总电流为

$$\dot{I}_k = \dot{I}_R + \dot{I}_{\Sigma C} \tag{2-12}$$

式中：$\dot{I}_R$ 为电阻的电流，$\dot{I}_R = \dfrac{-\dot{E}_A}{R}$，则

$$\dot{I}_k = -\left(3j\omega C_0 + \frac{1}{R}\right)\dot{E}_A \tag{2-13}$$

即故障点电流是全系统电容电流与电阻回路电流的矢量和，电阻 R 越小故障点电流越大，有利于提高保护的灵敏性，但是如果电阻 R 太小，则会在短路点附近形成很高的跨步电压，因此，电阻值的选择必须综合考虑各方面的因素。单相接地故障电容电流达到 100~150A 以上，或以电缆网为主时，应采用中性点经低电阻接地方式，单相接地故障电流应控制在 1000A 以下。

2.1.2 短路故障

2.1.2.1 短路故障类型

（1）两相短路。属于不对称短路，短路回路中流过很大短路电流，电压和电流的对称性被破坏。短路电流及电压中不存在零序分量；两故障相中的短路电流的绝对值相等，而方向相反，数值上为正序电流的 $\sqrt{3}$ 倍；在远离电源侧的地方（假设正负序阻抗相同）发生两相短路时，其故障相电流等于同一点三相短路电流的 $\sqrt{3}/2$ 倍；短路点的两故障相电压总是大小相等、相位相同，数值为非故障相电压的一半，但相位与非故障相电压相反。

假设 B、C 两相发生相间短路，那么 A 相区别于另两相就是特殊相，它的序网图如图 2-11 所示。

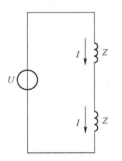

图 2-11　两相接地 A 相序网图

由于两相短路的边界条件是

$$I_A = 0,\ I_B + I_C = 0,\ U_B = U_C \tag{2-14}$$

所以可得

$$I_1 = I_2 = \frac{U}{Z_1 + Z_2},\ I_0 = 0 \tag{2-15}$$

$$I_C = -I_B = j\sqrt{3}I_1 = j\sqrt{3}\frac{U}{Z_1 + Z_2} \qquad (2-16)$$

式中 I_1、I_2、I_0——分别是正序、负序以及零序的电流数值；

Z_1、Z_2、Z_0——分别是正序、负序以及零序的等效阻抗数值；

I_A、I_B、I_C——分别是 A、B、C 相的电流值；

U_A、U_B、U_C——分别是 A、B、C 相的电压值；

（2）两相接地短路。属于不对称短路，两相接地短路时破坏电压、电流对称性，短路点故障相电压为零，线路始端故障相电压明显低于额定值，非故障相电压明显低于额定值，非故障相电压可认为等于额定值。两相电流增大，两相电压降低，电流增大、电压降低为相同两个相别，两故障相电流的幅值总是相等的；系统出现零序分量；两故障相电流之间的夹角 θ_1 随 x_0 / x_2 的不同而不同，当 x_0 / x_2 由 0 变到 ∞ 时，θ_1 由 60° 变到 180°，即 60° < θ_1 ≤ 180°。两相接地短路进而可分为两同相接地短路和两异相接地短路，具体分析如下：

1）10kV 线路 1、线路 3 发生同相 A 相接地。电流流向：线路 1 发生 A 相接地时，线路 1A 相对地电容电流为零，B、C 两相对地电容电流通过 A 相接地点流向主变压器，然后通过主变压器的 B、C 两相流出，如图 2-12 所示。所以短路点的短路电流实际上为另外两相的对地电容电流。线路 3 发生 A 相接地时的情况同线路 1。

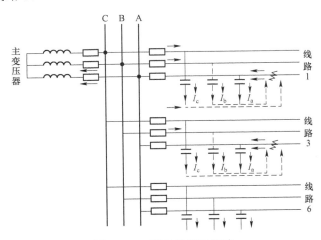

图 2-12   同名相接地短路

保护动作情况：当线路 1、线路 3 同时发生 A 相接地时，流过短路点的短路电流只与本线路另外两相的对地电容电流有关，与其他线路无关。此时可以把线路 1、线路 3 看作并联的一条线路发生 A 相接地，对于小电流系统发生单相接地时保护不动作，只报接地。

在小电流接地系统中发生两点接地时，不论是两条线同相还是异名相接地，接地点所在母线均报出接地报警。如果是同相接地则可以把接地的两条线路看作是一条线路的单相接地，此时不会出现断路器跳闸，只报接地信号；如果是非同相接地则相当于相间接地短路故障，这种故障多数发生在雷雨、大风、高寒和降雪的天气，主要现象是同一母线供电的两条线同时跳闸或只有一条线跳闸，跳闸时电网有单相接地现象。若两条线都跳闸，电网接地现象消除，或两条线只有一条跳闸，电网仍有接地现象，但单送其中一条时电网单相接地相别发生改变，这是两点异名相接地。

2）10kV 线路 1 发生 A 相接地，线路 3 发生 B 相接地。电流流向：当线路 1 发生 A 相接地同时线路 3 发生 B 相接地时，此时线路 1、线路 3 的三相对地电容电流相对于故障电流来说可以忽略不计。流过线路 1、线路 3 的故障电流既包括线路 1 的 A 相故障电流也包括线路 3 的 B 相故障电流，对于线路 1、线路 3 来说任一条线路都同时流过 A、B 两相故障电流，这相当于在小电流接地系统中发生相间短路故障，保护要动作跳闸，如图 2-13 所示。

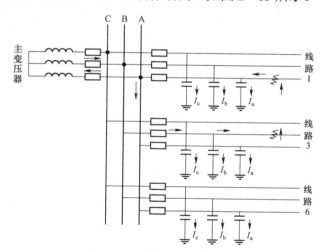

图 2-13 异名相接地短路

保护动作情况：由于受整定时间、故障点距离保护安装处的远近影响，保护动作情况有以下 3 种：线路 1 保护动作跳闸，线路 3 保护动作返回，站内仍报接地信号；线路 1 和线路 3 保护同时跳闸，站内接地信号消失；线路 3 保护动作，线路 1 保护返加，站内仍有接地信号。

（3）三相短路。该种故障属于对称短路，短路时电压和电流保持对称；短路电流大大地超过额定电流；短路点电压为零。三相短路属于对称故障，三相电流增大，三相电压降低，三相中的短路电流幅值相等，相角相差 120°，其幅值大小取决于电源电压幅值和短路回路的总阻抗；不存在零序分量。

属于对称短路故障形式，不存在零序电流和负序电流。短路电流即正序电流，如图 2 - 14 所示。

短路电流是

$$I_A = I_B = I_C = \frac{U}{\sqrt{3}Z_1}$$

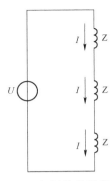

图 2 - 14　三相短路特殊相序网图

2.1.2.2　相间短路危害

（1）短路电流通过电气设备中的导体时，导体温度升高，其热效应会引起导体或其他绝缘的损坏，破坏整条电缆的绝缘性。

（2）短路时，特别是短路冲击电流流过瞬间，产生巨大的电动力，致使电缆及设备变形，甚至引起爆炸。

（3）短路还会引起电网中电压降低，特别是靠近短路点处的电压下降得最多，使部分用户的供电受到影响。比如作为主要动力设备的异步电动机，其电磁转矩与端电压平方成正比，电压大幅下降将造成电动机转速降低甚至停止运转，给用户带来损失。

（4）当系统发生短路时，短路电流的磁效应所产生的足够的磁通在邻近的电路内能感应出很大的电动势。这对于附近的通信线路、铁路信号系统及其他电子设备、自动控制系统可能产生强烈干扰。

（5）短路引起相应保护动作，造成开关跳闸、线路停电，给国民经济带来损失，给人民生活带来不便。

配网电缆线路发生短路故障时，由于电源供电回路的阻抗较小以及突然短路时的暂态过程，使短路回路中的短路电流值大大增加可能超出该回路额定电流的许多倍，短路点距电源侧距离越近，短路电流越大。继电保护装置可以快速识别短路故障电流，自动控制出线断路器迅速切断电缆相间短路故障，并产生告警。

2.1.3　断路故障

断路故障是指电力系统一相断开、两相断开甚至三相断开的情况，属于不对称性故障。它是 10kV 配网中最常见的故障，其主要体现在回路不通等方面。在某些特定的情况下，断路不仅会引起过电压的产生，甚至断路点产生的电弧还可能造成电气火灾、爆炸等事故。根据承载线路类型，又可分为架空线路断路故障和电缆线路断路故障。架空线路由于线间距离较大，所以发生断路故障概率较大，且能够区分单相断路、两相断路和三相断路；电缆线路由于普遍采用三芯统包电缆，不再区分单相断路、两相断路和三相断路。

架空线路断线故障中单相断线故障最为常见，雷击、外力破坏、施工工艺不良、设备缺陷等都可能导致单相断线故障。单相断线故障又可分为单相断线不接地和单相断线接地两种情况。单相断线不接地故障例如单相跳线断线、开关电器一相接触不良、单相熔断器熔断等，当发生线路断线但不接地时，断线线路的零序电流很小，站内接地选线装置一般不会动作。单相断线接地常发生于雷击、外力破坏造成某相线路掉落地面，形成断线接地故障。单相断线接地故障一般引起站内接地选线装置动作。本节以架空线路单相断线不接地故障为例重点进行说明。

架空线路两相断线故障多为外力破坏引起。两相断线不接地故障发生后，断线两相对地电压略高于相电压且相等，非断线相对地电压略低于相电压，一般电压互感器的开口三角电压不足以启动报警。两相断线在电源侧接地时，会造成相间短路故障，引起变电站出口断路器跳闸。架空线路三相断线较为少见，一般为外力破坏引起。三相断线故障后电源侧相电压保持不变，负荷侧相电压为零。由于架空线路多相断线发生概率较低，本书中不展开叙述。

2.1.3.1 单相断线不接地

10kV 架空配电线路发生单相断线故障时的简化系统如图 2－15 所示。图中 E_A、E_B、E_C 为系统三相电势，因系统阻抗较其他阻抗小得多，可忽略不计。配电网的供电半径小于或等于 20km，线路阻抗与其对地容抗相比小得多，可近似为零；C_0 为系统每相对地总分布电容，Z_{HA}、Z_{HB}、Z_{HC} 为负荷阻抗。

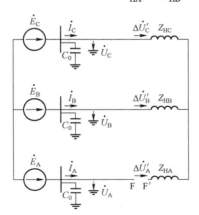

图 2－15　单相断线故障系统示意图

假设 A 相在 F 处发生断线故障，如图 2－15 所示。保护安装处各相对地电压为其中 U_A、U_B、U_C；各相电流为 I_A、I_B、I_C；断线端口 F 之间的电压为 ΔU_A、ΔU_B、ΔU_C。从图中可清楚看到断线点的边界条件为

$$\dot{I}_{A} = 0, \Delta\dot{U}'_{B} = \Delta\dot{U}'_{C} = 0 \qquad (2-17)$$

将其转换为对称分量表示，得

$$\begin{cases} \dot{I}_{A1} + \dot{I}_{A2} + \dot{I}_{A0} = \dot{I}_{A} = 0 \\ \Delta\dot{U}'_{A1} = \Delta\dot{U}'_{A2} = \Delta\dot{U}'_{A0} \end{cases} \qquad (2-18)$$

由式（2-18）得出复合序网如图 2-16 所示。其中 Z_{H0}、Z_{H1}、Z_{H2} 为 A 相负荷的正序、负序、零序阻抗。

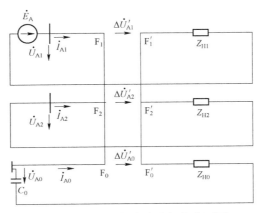

图 2-16　单相断线故障复合序网图

因为 X_{C0} 相比正、负序阻抗 Z_{H1}、Z_{H2} 而言大得多，因此可近似认为 X_{C0} 无穷大，零序网络开路。10kV 配电线路多采用中性点不接地方式，零序阻抗等同于无穷大。根据上述情况，图 2-16 所示的复合序网可进一步简化为图 2-17 所示序网图。

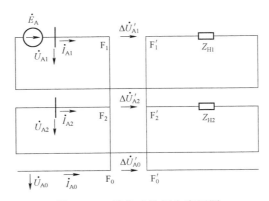

图 2-17　简化后的复合序网图

由图 2-17 所示的复合序网图可得到保护安装处故障电流的正序、负序、零序分量为

$$\dot{I}_{A1} = \frac{\dot{E}_A}{Z_{H1} + Z_{H2}}, \quad \dot{I}_{A2} = -\dot{I}_{A1}, \quad \dot{I}_{A0} = 0 \qquad (2-19)$$

对动力负荷 $Z_{H1} = 5Z_{H2}$ 时，有

$$\dot{I}_{A1} = -\dot{I}_{A2} = \frac{0.833\dot{E}_A}{Z_{H1}} \qquad (2-20)$$

对动力负荷 $Z_{H1} = Z_{H2}$ 时，有

$$\dot{I}_{A1} = -\dot{I}_{A2} = \frac{0.5\dot{E}_A}{Z_{H1}} \qquad (2-21)$$

由以上计算结果可知，发生单相断线故障后，故障线路上的正序电流与负序电流大小相等，方向相反，且正序、负序电流的分布不受中性点接地方式的影响。若为动力负荷，故障前后正序电流变化量小于负序电流变化量；若为非动力负荷，故障前后正序电流的变化量等于负序电流的变化量。一般情况下，系统所带负荷为动力负荷与非动力负荷的混合，也称为综合性负荷。因此，当发生单相断线故障时，总有负序电流变化量大于正序电流变化量，负序电流比正序电流的变化特征更为明显。

10kV 架空配电线路发生单相断线故障后，假设系统所带负荷为非动力负荷，故障相 A 相电流为 $I_A = 0$，则故障线路其他两非故障相的相电流为

$$\begin{cases} \dot{I}_B = \alpha^2 \dot{I}_{A1} + \alpha \dot{I}_{A2} + \dot{I}_{A0} \\ \dot{I}_C = \alpha \dot{I}_{A1} + \alpha^2 \dot{I}_{A2} + \dot{I}_{A0} \end{cases} \qquad (2-22)$$

把式（2-21）代入式（2-22）可得

$$\begin{cases} \dot{I}_B = -j\frac{\sqrt{3}}{2}\frac{\dot{E}_A}{Z_{H1}} \\ \dot{I}_C = j\frac{\sqrt{3}}{2}\frac{\dot{E}_A}{Z_{H1}} \\ |\dot{I}_B| = |\dot{I}_C| = \sqrt{3}|\dot{I}_{A1}| \end{cases} \qquad (2-23)$$

由以上计算结果可得：对于非动力负荷，发生单相断线故障后，故障线路故障相电流变为 0，两非故障相的相电流大小相等，方向相反，数值为故障前相电流的 $\frac{\sqrt{3}}{2}$ 倍。

由单相断线故障复合序网图可看出，保护安装点处的电压各序分量为

$$\begin{cases} \dot{U}_{A1} = \dot{E}_A \\ \dot{U}_{A2} = 0 \\ \dot{U}_{A0} = 0 \end{cases} \qquad (2-24)$$

由各序电压可得保护安装处的各相电压为

$$
\begin{cases}
\dot{U}_\mathrm{A} = \dot{E}_\mathrm{A} \\
\dot{U}_\mathrm{B} = \dot{E}_\mathrm{B} \\
\dot{U}_\mathrm{C} = \dot{E}_\mathrm{C}
\end{cases}
\qquad (2-25)
$$

由以上计算分析结果可得，在发生故障前后，故障相保护安装处各序电压不变，各相电压仍然为三相对称电压。

综上所述，传统配电线路发生单相断线不接地故障存在以下特征：

发生单相断线故障后，故障线路中的负序电流与正序电流大小相等，方向由负荷侧流向电源侧。正序、负序电流与故障前相比有明显变化，并能够与非故障进行可靠区分。故障线路故障相电流变为 0，两非故障相的相电流大小相等，方向相反，数值为故障前相电流的 $\dfrac{\sqrt{3}}{2}$ 倍（非动力负荷情况下）。保护安装处各相对地电压仍为三相对称电压。

2.1.3.2 断线故障特征分析

（1）单相断线及接地复杂故障保护判据。

1）单相断线故障后断线故障点两侧的电流电压变化特征。10kV 配电线路正常运行时，三相电压对称，此时线路产生的负序电流很小。单相断线后故障线路负序电流明显变大，而其他非故障线路负序电流变化很小。单相断线故障产生的负序电流绝大部分是由断线故障点沿故障线路流向电源，而非故障线路中流过的负序电流很小，其方向为由母线流向线路。单相断线故障后断线故障点两侧的电压变化特征为电源侧故障相电压升高，最高至故障前相电压的 1.5倍；电源侧零序电压增大，最大为故障前相电压的 0.5 倍，电压大小与断线故障点位置有关；两非故障相电压降低且相等，最低降至故障前相电压的 0.866倍，电压大小与断线故障点位置有关；电源侧线电压对称，不影响对非故障线路负荷的供电；负荷侧零序电压增大，最大至故障前相电压的 0.5 倍，电压大小与断线故障点位置有关；负荷侧线电压不再对称，影响对故障线路负荷的正常供电。

2）单相断线及接地复杂故障分析。可以采用负序电流或正序电流变化量为单相断线及接地复杂故障判据，实现断线故障检测功能。基于负序电流故障判据是利用负序电流为故障特征进行故障检测。10kV 线路发生单相断线、单相断线加电源侧接地、单相断线加负荷侧接地故障后，故障线路的负序电流变化特征比较明显，数值上比非故障线路的负序电流大很多。其负序电流的方向与系统的负序电流方向相反，而非故障线路的负序电流与系统侧的负序电流方向相同。同时单相断线故障前后存在很大的正序电流变化量，可明显区分非故障线路。故障发生后通过故障线路的负序电流很大，而通过非故障线路的负序电流很小，以负序电流为故障判据。基于正序电流变化量可以通过比较正序电流变化量大小来作为单相断线及接地复杂故障判据，某条线路正序电流变化量的整定值按躲过其他线路单相断线时该条线路产生的正序电流变化量来整定。当某条线路的负序电流或正序电流变化量超过整定值时，表明此线路为故障线路，此时为故障发生时刻，可能发生了单相断线及接地复杂故障。

3）故障区域定位与故障类型诊断。单相断线与单相断线加接地故障后故障点两侧电压存在变化特征，所以根据电压变化实现故障区域定位与故障类型判断。断线后故障点两侧的相电压变化情况不同，两侧零序电压变化亦有各自的特点，因此可以将线路分成几个区段，每个线路节点处装设电压监视装置（比如电压互感器）或带开口三角形的 TV，当故障发生后，采集每个线路节点的相电压或零序电压，上传至变电站。如果含有两个相邻节点的相电压或零序电压（TV 开口三角形电压）变化情况不同，那么这两个线路节点之间的区段即为故障区段。

（2）多相断线及接地复杂故障诊断。

1）两相和三相断线后断线故障点两侧的电压电流变化特征。两相和三相断线后断线故障点两侧的电压变化特征为电源侧两故障相电压相等且升高，最高升至故障前线电压水平；两非故障相降低，最低降至 0；电源侧零序电压增大，最大等于故障前相电压；负荷侧三相电压相等且降低，最小降至 0；负荷侧零序电压增大，最大至故障前相电压，且与负荷侧相电压相等。负荷侧线电压不再对称，影响对故障线路负荷的供电。当线路发生三相断线后，三相电流均为零，则系统中序电流也为零。断线故障点电源侧电压保持不变，与故障前电压一致，而负荷侧由于与线路断开，失去电压，故各相电压降为零。此时线路如同空载线路，无负序和零序分量出现。虽然故障后无电流量，但故障前后仍然存在相电流变化量与正序电流变化量。

2）多相断线及接地复杂故障判据。线路在单相断线及接地复杂故障时可采用负序电流作为故障判据，而线路发生两相或三相断线故障时，电流变化特征相同，可以统一考虑，故障后负序电流为 0。当某线路中正序电流变化量值超过整定值时，表明此线路为故障线路，此时可能发生多相断线及接地复杂故障。负序电流不能再作为多相断线故障判据，故障前后存在很大的正序电流变化量，因此可以采用正序电流变化量来作为多相断线及接地复杂故障的故障判据。已知线路发生多相断线及接地复杂故障时，电流全部变为 0，因此基于故障后电流值作为辅助判据并不难判断此种断线故障，则多相断线及接地复杂故障的判据为检测故障后正序电流变化量是否超过整定值，当超过时，若三相 TA 或两相 TA 测量故障后电流值为零，则确定故障为多相断线及接地复杂故障。

3）故障类型与故障区域定位。对于两相断线故障，断线故障点两侧电压存在变化特征。电源侧两故障相电压相等且升高，最高升至故障前线电压；其他一相电压降低，最低降至 0。负荷侧三相电压相等，最小降低至 0。电源侧零序电压增大，最大等于故障前相电压；负荷侧零序电压也增大，最大等于故障前相电压，但二者不相等可知电源侧与负荷侧 TV 开口三角电压均小于 100V，其大小的具体分配取决于故障发生位置。当末端断线时，电源侧 TV 口三角电压接近 0；负荷侧 TV 开口三角电压接近 100V。始端断线时，电源侧 TV 开口三角电压接近 100V；负荷侧 TV 开口三角电压接近 0。

对于两相断线加负荷侧接地故障，断线故障点两侧电压存在变化特征。电源侧零序电压等于故障前相电压，负荷侧无零序电压。故电源侧 TV 开口三角电压为 100V，发接地信号；负荷侧 TV 开口三角电压为 0 电源侧故障相电压降为 0，其余两相升至故障前线电压。负荷侧三相电压均降至 0。

对于两相断线加电源侧一相接地故障，断线故障点两侧电压存在变化特征。电源侧接地相电压变为 0，其他两相升至故障前线电压。电源侧零序电压等于故障前相电压，负荷侧零序电压等于故障前线电压。故电源侧 TV 开口三角电压为 100V，负荷侧 TV 开口三角电压为 173V，二者均发接地信号。

对于三相断线故障，断线故障点两侧电压存在变化特征。电源侧与负荷侧零序电压均为 0。因此根据检测到的故障点两侧相电压值或 TV 开口三角电压就能进行故障区域定位与故障类型的判断。电源侧各相电压不变，与故障前相电压相等；负荷侧各相电压降为零。

2.1.3.3　危害

（1）断路点电弧故障。在似断非断路故障点中容易发生断路点电弧故障，尤其是在断开瞬间，往往会产生电弧或者在断路点产生高温。因此，电力线路中的电弧和高温现象，可能会酿成火灾等事故。

（2）三相电路中的断路故障。三相电路中，如果发生一相断路故障，一则可能使电动机因缺相运行而被烧毁；二则使三相电路不对称，各相电压发生变化，使其中的相电压升高，造成事故。

2.2　低压配电网故障

低压配电系统中常用的接线方式有，IT 系统、TT 系统、TN 系统。

（1）IT 系统。图 2-18 为 IT 型低压配电网。

IT 系统特点（不引出中性线）：① 发生第一次接地故障时，接地故障仅为非故障相对地的电容电流，其值很小，外露导电部分对地电压不超过 50V，不需要立即切断故障回路，保证供电的连续性。② 发生接地故障时，对地电压升高 1.73 倍。③ 220V 负载需配降压变压器，或由系统外电源专供。④ 安装绝缘监察器。

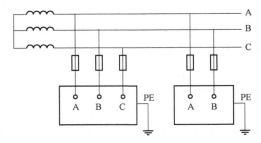

图 2-18　IT 型低压配电网

使用场所：供电连续性要求较高，如应急电源、医院手术室等。IT 方式供电系统 I 表示电源侧没有工作接地，或经过高阻抗接地。第二个字母 T 表示负载侧电气设备进行接地保护。IT 方式供电系统在供电距离不是很长时，供电的可靠性高、安全性好。

一般用于不允许停电的场所，或者是要求严格地连续供电的地方，例如电力炼钢、大医院的手术室、地下矿井等处。地下矿井内供电条件比较差，电缆易受潮。运用 IT 方式供电系统，即使电源中性点不接地，一旦设备漏电，单相对地漏电流仍小，不会破坏电源电压的平衡，所以比电源中性点接地的系统还安全。但是，如果用在供电距离很长时，供电线路对大地的分布电容就不能忽视了。在负载发生短路故障或漏电使设外壳带电时，漏电电流经大地形成架路，保护设备不一定动作，这是危险的。只有在供电距离不太长时才比较安全。这种供电方式在工地上很少见。

（2）TT 系统。图 2-19 为 TT 型低压配电网。《农村低压电力技术规程》DL/T 499—2001 中规定，采用 TT 系统时应满足的要求：

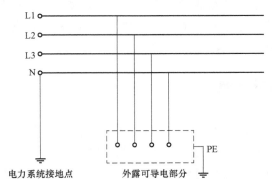

图 2-19　TT 型低压配电网

1）采用 TT 系统，除变压器低压侧中性点直接接地外，中性线不得再行接地，且应保持与相线（火线）同等的绝缘水平。

2）为了防止中性线的机械断线，其截面积应满足以下要求：

相线的截面积 S：$S \leq 16mm^2$　中性线截面积 S_0：$S_0 = S$（与相线一样）。

相线的截面积 S：$16 < S \leq 35mm^2$　中性线截面积 S_0：$S_0 = 16mm^2$。

相线的截面积 S：$S > 35mm^2$　中性线截面积 S_0：$S_0 = S/2$（相线的一半）。

3）电源进线开关应隔离（能断开）中性线，漏电保护器必须隔离（能断开）中性线。

4）必须实施剩余电流保护（即必须安装漏电保护开关），剩余电流总保护是及时切除低压电网主干线和分支线路上断线接地等产生较大剩余电流的故障。

5）配电变压器低压侧及出线回路，均应装设过电流保护，包括：短路保护和过负荷保护。

6）PE 线的作用：当设备发生漏电时，漏电电流可以通过大地回流到变压器的中性点，可以降低带电的设备外壳电压，降低人触及设备外壳被电击的危险程度。

7）当发生单相接地故障时，接地电流通过大地流回变压器中性点，使得接地电流很大，促使线路保护器（特别是整定值符合规范的漏电保护器）可靠动作，切断电源。

（3）TN 系统。TN 系统包括 TN－C、TN－C－S、TN－S 三种系统。

1）TN－C 系统。图 2-20 为 TN－C 型低压配电网。TN－C 系统（三相四线制），该系统的中性线（N）和保护线（PE）是合一的，该线又称为保护中性线（PEN）线。它的优点是节省了一条导线，缺点是三相负载不平衡或保护中性线断开时会使所有用电设备的金属外壳都带上危险电压。

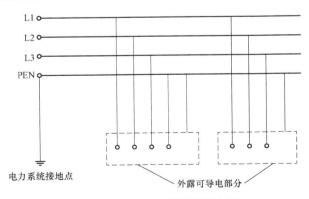

图 2-20　TN－C 型低压配电网

GB 50052—2009《供配电系统设计规范》对低压配电系统的规定：为了保护民用建筑的用电安全，不宜采用 TN-C 系统。

2）TN-C-S 系统。图 2-21 为 TN-C-S 型低压配电网。TN-C-S 系统（三相四线与三相五线混合系统），该系统从变压器到用户配电箱是四线制，中性线和保护地线是合一的；从配电箱到用户中性线和保护地线是分开的，所以它兼有 TN-C 系统和 TN-S 系统的特点，常用于配电系统末端环境较差或对电磁抗干扰要求较严的场所。

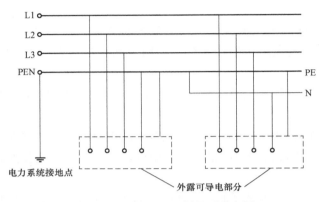

图 2-21　TN-C-S 型低压配电网

3）TN-S 系统。图 2-22 为 TN-S 型低压配电网。TN-S 系统就是三相五线制，该系统的 N 线和 PE 线是分开的，从变压器起就用五线供电。它的优点是 PE 线在正常情况下没有电流通过，因此不会对接在 PE 线上的其他设备产生电磁干扰。此外，由于 N 线与 PE 线分开，N 线断开也不会影响 PE 线的保护作用。

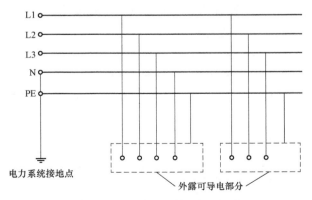

图 2-22　TN-S 型低压配电网

TN 系统优缺点有以下几点。

TN-S（三相五线制）接地形式的 PE 线平时不通过工作电流，仅在发生接地故障时流过故障电流，其电位接近大地电位，不会干扰信息设备，不会对地打火，较为安全；缺点是需要全程设置 PE 线，造价较高。

TN-C-S（三相四线制）相对于 TN-S（三相五线制）来说少了一根专用PE 线，造价较低，由于其进入用电建筑后 PE 线和 N 线分开所以也具有 TN-S的优点；但是要求 PEN 线的连接非常可靠，PEN 线一旦断线将引发很多故障。

需要注意：

TN-S 系统的 PE 和 TN-C-S 系统的 PEN 线在同一供电范围内都是连通的，当变电所或配电系统中某一设施发生电气接地故障时，TN-S 系统其故障电压会沿着 PE 线、TN-C-S 系统其故障电压会沿着 PEN 线在电气设备间传导，这是 TN 系统共有的缺点，所以必须采取等电位措施来预防这种情况的发生。

关于低压配电系统选用规范：

1）《农村低压电力技术规程》DL/T 499—2001 对低压配电系统选用规范：农村低压电网宜采用 TT 系统，城镇电力用户宜采用 TN 系统，对安全有特殊要求可采用 IT 系统。

2）《供配电系统设计规范》GB 50052—2009 对低压配电系统选用规范：对于民用建筑的低压配电系统应采用 TT、TN-S 或 TN-C-S 接地型式，并进行等电位联结。为保证民用建筑的用电安全，不宜采用 TN-C 接地型式；有总等电位联结的 TN-S 接地型式系统建筑物内的中性线不需要隔离；对 TT 接地型式系统的电源进线开关应隔离中性线，漏电保护器必须隔离中性线。

3）《住宅设计规范（2003 版）》GB 50096—1999 电气部分规范：本条强调了住宅供电系统设计的安全要求。

TT、TN-C-S 和 TN-S 三种系统，都有专用的 PE 线（接地线），是住宅中最常用可靠的接地方式；"总等电位联结"则可降低住宅楼内的接触电压，消除沿电源线路导入的对地故障电压的危害，也是防雷安全所必需。

4）《电子信息系统机房设计规范》GB 50174—2008 对低压配电系统选用规范：电子信息系统机房低压配电系统不应采用 TN-C 系统。电子信息设备的配电应按设备要求确定。

这是因为若采用 TN-C 系统，会产生连续的工频电流及谐波电流对设备的干扰。干扰来源于 TN-C 系统"中性导体电流"（在三相系统中由于不平衡电荷在 PEN 线上产生的电流）分流于 PEN 线、信号交换用的电缆的屏蔽层，基准导体和室外引来的导电物体之间。而采用 TN-S 系统，这种"中性导体电流"仅在专用的导体（N）线上流动，不会通过共用接地系统对设备产生干扰。因此，在进行配电时，应保证 N 线（零线）与 PE 线（保护地线）绝缘。当然，在实际的工程中，常由于接地方法有问题，可能导致 N 线与 PE 线接触，使系统全部或部分又转回 TN－C 系统，再度产生干扰故障。

小　结

　　本章重点介绍了中压配电网中性点接地方式和低压配电系统接线方式，重点阐述了中压配电网各类故障类型，包括单相接地、两相短路、两相接地短路、三相短路四类中压配电网故障，重点阐述了各类故障发生的比例、故障发生的机理、各类故障的特征及故障录波图的特点，最终明确了各类故障发生时的特征向量、运行时的特点；针对低压配电网，则重点介绍了其接线方式，分析了每一种接线方式的优缺点和特征向量。本章着重介绍了中、低压配电网的基础知识和理论，为进一步做好各类故障分析和定位打下坚实基础。

配电网架空线路故障定位及处理

3.1 单相接地故障

3.1.1 单相接地故障类型

（1）根据故障持续时间特点分类。配电网架空线路接地故障按照故障发生持续时间的特点，主要分为永久性接地、瞬时性接地及间歇性接地三类。

1）永久性接地故障。永久性接地是指由于架空线路杆塔倒塌、断线、绝缘子击穿或损坏等原因引起的持续、稳定的接地故障。一般而言，永久性故障发生以后故障特征是相对稳定的，通常表现为故障相电压下降而非故障相电压升高。中性点不接地和消弧线圈接地系统，中压线路发生永久性单相接地故障后，宜按快速就近隔离故障原则进行处理，宜选用消弧线圈并联电阻、中性点经低励磁阻抗变压器接地保护（接地转移）、稳态零序方向判别、暂态零序信号判别、不平衡电流判别等有效的单相接地故障判别技术。配电线路开关宜配置相应的电压、电流互感器（传感器）和终端，与变电站内的消弧、选线设备相配合，实现就近快速判断和隔离永久性单相接地故障功能。

2）瞬时性接地故障。瞬时性接地是指由雷电引起的绝缘子表面闪络、大风引起的树枝短时碰线等引起的架空线路非持续性接地故障。瞬时性接地发生具有随机性和短时性，一般持续几毫秒至几秒。因此，瞬时性接地故障一般不影响正常供电，且不需要人工处理能够自行恢复，电力运行部门对此并不予以特别的关注。然而，瞬时性故障往往是永久性故障的前兆。事实上，如果能够捕捉、记录瞬时性接地故障信号，进而找出一段时间内瞬时性接地故障频发的线路区段，及时消除故障隐患，就可以避免永久故障的发生。然而，目前对于架空线路瞬时性故障仍缺乏有效的监测手段，使得故障查找和分析较为困难。

3）间歇性接地故障。间歇性接地一般是指间歇性电弧接地。在小电流接地系统中，当发生单相接地故障时，由于线路对地电容的存在，故障点通常会有电容电流流过。当电容电流较大且超过一定值时，将会产生接地电弧。接地电弧会随着电容电流的振荡而发生变化，当电流振荡零点或工频零点时，电弧可能暂时熄灭，之后随着故障相电压升高，电弧则可能重燃，这种现象为间歇性电弧接地。在电弧的熄灭和重燃过程中，伴随着相对地电荷的积累，非故障相会产生数倍于正常相电压的过电压，可能对存在绝缘薄弱点的线路和设备造成较大威胁。因此，间歇性接地往往最终发展成永久性接地甚至相间短路故障。

（2）根据接地故障阻值大小分类。配电网架空线路接地故障按照故障发生时对地电阻的大小不同，主要分为金属性接地和非金属性接地，其中非金属性接地又包含低阻接地和高阻接地两类。

1）金属性接地故障。金属性接地故障是指故障发生时，配电线路通过金属导体直接与大地接触，从而故障回路的阻抗值几乎为零。金属性接地的故障特征十分明显，通常发生接地线路的故障相电压将降为零，而非故障相电压升高至线电压。金属性接地易于识别，通常可直接根据故障发生后三相电压的变化情况来检测金属性接地。

2）低阻接地故障。低阻接地是指接地故障发生时，故障回路的阻抗值较小，一般为 10～100Ω。低阻接地故障发生时的特征与金属性接地类似，故障相电压下降明显但不为零，非故障相电压上升明显。因此，低阻接地故障相对来说也是比较容易识别和检测的。

3）高阻接地故障。高阻接地是指接地故障发生时，故障回路的阻抗值较大，一般为几百欧姆以上。高阻接地发生时，故障相和非故障相电压变化特征并不是十分明显，故障回路的零序电流值也比较小。因此，高阻接地故障的发现和识别是目前单相接地故障处理的一个难点。

（3）几种单相接地故障类型的对比，见表 3-1。

表 3-1 单相接地故障类型对比

分类原则	故障类型	主要特点	故障检测难度
故障持续时间特征	永久性接地	故障特征稳定，故障相电压下降而非故障相电压升高	容易
	瞬时性接地	故障具有随机性和短时性，持续几毫秒至几秒	较难
	间歇性接地	故障点有明显的电容电流流过，通常伴随有电弧产生	较容易
接地故障阻值大小	金属性接地	故障相电压降为零，非故障相电压升高至线电压	容易
	低阻接地	故障相电压下降明显但不为零，非故障相电压上升明显	较容易
	高阻接地	故障相和非故障相电压变化特征不明显	较难

3.1.2 单相接地故障成因及危害

（1）单相接地故障成因。

1）设备自身原因。

a）导线断线或脱落。架空导线在施工时如果未能牢固地绑扎于绝缘子中，其接头处因为老化、接触不良等原因会造成导线发热，出现断裂、脱落等问题，引发单相接地。断线故障发生时，首先该线路继电保护装置动作，然后重合闸成功，调度室 SCADA 系统往往没有接地信号发出，只有靠配电巡线人员或当地群众反映才能最终发现断线事故。断线事故地点多发生在市郊附近，周围空旷、建筑物较少位置，且易遭受雷击。

导线断线或脱落引起单相接地故障，如图 3-1 所示。

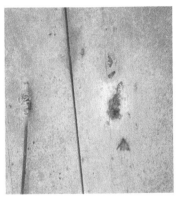

图 3-1　导线断线或脱落引起单相接地故障

b）互感器铁磁谐振。伴随着我国电网规模的逐渐扩大，系统对地电容在不断增大，网络中空载变压器与电磁式电压互感器比例也在不断地加大。对于系统感抗和容抗而言，非线性电感占比较高，容易受到倒闸操作因素的影响，进而逐渐形成铁磁谐振现象，出现过电压，给系统绝缘薄弱环节带来影响，产生接地故障。

铁磁谐振导致电缆隔离开关线夹熔化如图 3-2 所示。

在 10kV 配电线路单相接地故障中，铁磁谐振故障发生的可能性虽然不是很大，但是在实际电力运行维护中也遇到过不少的案例。具体来讲，一般会发生在发电厂或者变电站区域。现象集中反馈为：一相电压处于下降状态，两相电压处于不断上升状态；或者两相电压都处于下降状态，而一相电压处于不断升高的状态。

c）设备绝缘老化。配电网设备大都运行环境较为恶劣，随着时间的推移，设备的绝缘层会出现破坏、老化等现象，也可能引发单相接地故障。例如，当设备外部绝缘层破裂时，可导致开关真空包内部故障，进而引起单相接地故障的发生，如图3-3所示。

图3-2　铁磁谐振导致电缆隔离开关线夹熔化

图3-3　设备绝缘层破损引起单相接地故障

d）用户侧相间短路故障。当用户侧发生相间短路故障时，故障可能蔓延至架空线路10kV高压侧，引起跌落式熔断器熔丝烧断或变压器故障，进而引发单相接地故障发生，如图3-4所示。

e）绝缘子污闪。在电力系统中，绝缘子因出现污秽闪络放电现象被烧坏，从而导致接地故障的发生。输电线路绝缘子要求在大气过电压、内部过电压和长期运行电压下均能可靠运行，但沉积在绝缘子表面上的固体、液体和气体污秽颗粒与雾、露、融冰、融雪等恶劣气象条件作用，将使绝缘子的电气强度大大降低，使得输电线路在长期运行过电压下发生污秽闪络，造成停电事故。据统计，由于污秽而引起的绝缘闪络事故次数目前在电网事故次数总数中已占第二位，仅次于雷害事故，而污秽闪络事故造成的损失大约是雷害事故的10倍。

绝缘子污闪引起单相接地故障，如图3-5所示。

2）安装工艺。

a）避雷器安装工艺不到位。避雷器作为保护电气设备免受雷击过电压危害的关键设备，对其质量和安装工艺有较为严格的要求。避雷器在安装之前，必须首先核对其铭牌、规格等信息是否与安装地点的要求相符。同时对避雷器认真进行交接试验，验证其性能必须符合出厂标准和《电力设备预防性试验规程》的相关规定，各种部件应完整，瓷绝缘无损伤。当避雷器安装后，其上端应接相线，下端三相短路并可靠接地，其相间距离不应小于有关设计安装规程的规定。

图 3-4　用户侧短路引起单相接地故障

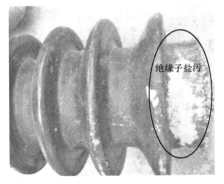

灭弧罩顶部边角尖端放电

绝缘子盐污

图 3-5　绝缘子污闪引起单相接地故障

　　避雷器安装过程中，其接地下引线的安装容易出现问题。一方面，部分单位采用简单捆绑接地下引线的方法，经过一段时间捆绑部位将会松动脱落；另一方面，部分接地引下线连接点紧固不牢，存在虚接现象。雷雨季节一旦避雷器动作，在强大的瞬时雷电电流的作用下，接地引下线工艺不合格将导致连接点立即被烧断，致使瞬时雷电电流不能立即向大地释放，造成设备绝缘击穿引发单相接地或短路故障。

　　避雷器安装工艺不到位引起单相接地故障，如图 3-6 所示。

图 3-6 避雷器安装工艺不到位引起单相接地故障

因此，避雷器的接地引下线应采用焊接或螺栓连接。接地引下线选择铜线时，其截面积不应小于 $16mm^2$；选择钢线，其截面积不应小于 $24mm^2$。此外，配电变压器运行单位还应经常对避雷器进行巡视检查，及时发现接地引下线松动、断裂或零部件丢失等问题，并应及早处理。

图 3-7 横担施工工艺不到位
引起单相接地故障

b）导线横担施工工艺不到位。横担作为杆塔的重要组成部分，对于支承导线、保持一定安全距离具有重要作用。横担上通常安装有绝缘子及固定导线的金具，安装施工时横担本身及导线需要采用螺钉锁紧。如果受大风、暴雨等恶劣环境影响，横担在施工过程中工艺不到位，将使导线或支铁脱落，引起单相接地故障的发生，如图 3-7 所示。

3）外物触碰。

a）树枝触碰。架空线路如果架设在树木茂密的山林地区，受周围树木和通道的影响，不断生长的树木可直接接触裸导线或是树枝搭在线路上，引起导线对树木放电或树枝断落后搭在架空线路上，导致接地故障的发生。因此，需要经常开展线路通道的维护工作，定期对树木进行裁剪，使线路隐患得到及时清理，避免故障发生。

树枝触碰引起单相接地故障，如图 3-8 所示。

b）鸟类等动物接触。由于 10kV 线路转角杆上安装有挑线瓶与挑线，线路布置得较为密集，容易导致线路与线路之间安全距离较小，一些飞禽类动物的脚落于架空线路上时，在它们收翅膀之际，往往会触及带电导线，引起接地故障的发生。小体型的飞禽一般会掉落于地，而大体型的飞禽便会直接死在电杆上。因此，在对架空配电线路进行巡视时，常常发现转角杆下出现飞禽类的尸体。

图 3-8　树枝触碰引起单相接地故障

鸟类触碰引起单相接地故障，如图 3-9 所示。

c）异物搭接。异物搭接是指其他物体（如塑料布、铁丝、树枝等）在风、雨等偶然因素的作用下，直接搭落在架空导线上。异物搭接将直接导致单相接地或短路故障的发生，如图 3-10 所示。异物搭接引起的故障多发生在台风、暴雨较频繁的沿海地区。

图 3-9　鸟类触碰引起单相接地故障　　图 3-10　异物搭接引起单相接地故障

d）施工建设触碰。处于建设工地上方的架空线路，受地形及施工环境等复杂因素影响，容易受到施工机械及车辆的触碰，从而引起单相接地故障，如图 3-11 所示。

图 3-11　施工建设触碰引起单相接地故障

4）恶劣天气。

a）雷击。配电网设备数量庞大，且覆盖范围较广，运行中的配电线路和各类设备受到雷击的概率也比较大。加之防雷设施不完善、系统绝缘性和耐雷性不强，从而引发单相接地故障，如图 3-12 所示，给电网运行带来较大风险。

雷击作为引发单相接地故障的主要因素之一，一般发生在地势较高的地方。为此，在配电线路及设备安装选址时，要综合考虑交通便利、电网负荷、安装与维修的便捷性以及防止雷击等问题，避免将变压器等重要设备安装在制高点，从而防止电荷积聚引发雷击。此外还要在必要的位置装设避雷针，避雷针的质量应符合要求。

图 3-12　雷击断线引起单相接地故障

b）雨雪。架空线路上的配电设备受雨雾、冰雹等极端天气的影响，容易出现污损导致放电、闪络等事故，引起单相接地故障的发生；另一方面，受天气骤冷骤热影响，配电设备结构也容易被电瓷内部应力破坏导致受损，使其绝缘性能下降甚至发生绝缘击穿，造成单相接地甚至短路，绝缘子击穿如图 3-13 所示。

图 3-13　绝缘子击穿引起单相接地故障

5）其他因素引起的单相接地故障。其他引起架空线路单相接故障的因素还包括线路间交叉跨越距离太短、大风引起线路弧垂变化、电气设备与绝缘部件单相击穿等。

（2）单相接地故障的危害。

1）对变电设备的危害。10kV 配电线路发生单相接地故障后，变电站 10kV 母线上的电压互感器检测到零序电流，在开口三角形上会产生零序电压，引起电压互感器铁芯饱和，励磁电流增加，长时间运行时将烧毁电压互感器。在实际运行中，已发生多起由于单相接地造成变电站电压互感器烧毁的情况，最终造成设备损坏和大面积停电事故的发生。

同时，单相接地故障发生时，由于线电压的大小和相位不变（仍对称），而系统绝缘一般是按照线电压设计的，所以故障发生后允许系统短时运行而不切断故障设备，从而提高了供电可靠性。然而，单相接地故障发生后，系统可能产生几倍于正常电压的谐振过电压，危及变电设备的绝缘，严重者使变电设备绝缘击穿，造成更大事故。

2）对配电设备的危害。单相接地故障发生后，非接地的两相对地电压将升高为线电压，特别是发生间歇性电弧接地时，将产生几倍于正常电压的谐振过电压。过电压将进一步使线路上的绝缘子击穿，造成严重的短路事故，同时还可能烧毁部分配电变压器，使线路上的避雷器、熔断器等元件绝缘击穿、烧毁，甚至引发电气火灾。

单相接地对于配电设备的危害，如图 3-14 所示。

图 3-14 单相接地对于配电设备的危害

此外，单相接地故障还会对电缆产生直接影响。故障时随着导线对地电压升高，电压将变为原来的数倍，时间过长容易使其他两相绝缘老化，电缆薄弱处还可能发生绝缘击穿，造成线路两相接地而短路跳闸，导致供电中断，进而扩大事故影响范围。

3）对人畜的危害。对于导线落地这一类单相接地故障，如果接地配电线路未停运，将严重威胁行人和线路巡视人员（特别是夜间）的人身安全，引发人身触电伤亡事故，同时还可能危及牲畜的生命安全，这也是单相接地故障可能发生的最严重的事件之一。

4）对供电可靠性的影响。单相接地故障发生后，一方面部分地区仍采用人工试拉选线，造成未发生单相接地故障的配电线路停电，影响供电可靠性；另一方面，在进行故障点查找和故障消除过程中，可能需要对故障线路进行停电，从而影响用户正常用电，特别是在农作物生长期，以及大风、雨、雪等恶劣气候条件的山区和林区，将更加不利于故障的查找和消除，造成停电时间更长、停电波及范围更广，对供电可靠性产生较大影响。

5）对供电量的影响。单相接地故障发生后，出于查找和消除故障的要求，需对发生单相接地故障的配电线路进行停运，从而将造成用户停电，减少供电量。以一个中等地级市为例，据不完全统计，由于每年配电线路发生单相接地故障，将减少供电十几万度，影响供电企业的供电量指标和经济效益。

6）对线损的影响。单相接地故障发生时，由于配电线路接地相直接或间接对大地放电，将造成较大的电能损耗。如果按规程规定运行一段时间（不超过2h），损失的电能将会更大。单线接地故障发生以后，负荷电流和供电电压也会因为故障而突然增大，超出线路所能承受最大的负荷，造成配电网线损增加。

3.1.3 单相接地故障处理流程

（1）单相接地故障的发现。传统的单相接地故障一般通过安装在变电站内的母线绝缘监察装置和小电流接地选线装置进行检测。

1）基于母线绝缘监察装置的单相接地故障检测。10kV 配电线路发生单相接地故障后，通过变电站 10kV 母线上运行的电压互感器及母线绝缘监察装置，可检测出接地故障特征并发出接地信号，提示值班员进行处理。值班员经过选线，最终确定发生单相接地故障的配电线路和相别，并汇报上级调度，同时由配电线路的运行维护人员赶赴现场进行故障处理和修复。

基于母线绝缘监察装置的单相接地故障检测流程，如图 3-15 所示。

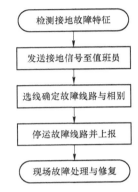

图 3-15 基于母线绝缘监察装置的单相接地故障检测流程

近年来，随着配电网的改造与配电自动化系统的实施，接地故障的特征检测不再局限于线路首端，变电站出线（即馈线）已被分段开关区段化，馈线终端（FTU）（见图 3-16）及故障指示器等配电自动化终端设备得到大量应用，为单相接地故障发现提供了新的解决方案。

2）基于馈线终端（FTU）的单相接地故障检测。通过在出现断路器和每一个分段开关处装设馈线终端（FTU），可以实现对线路不同区段电压电流的实时监测。当接地故障发生时，由于在中性点和故障点之间形成了故障信号的通路，利用自动检测装置 FTU 通过采集零序电流和各相电流，故障通路上的 FTU 将能检测到的特殊电流信号，给出故障指示，通过通信系统可将故障信息送到配电自动化系统的子站和主站。

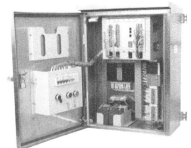

图 3-16 馈线终端（FTU）

基于FTU的配电自动化系统，如图3-17所示。

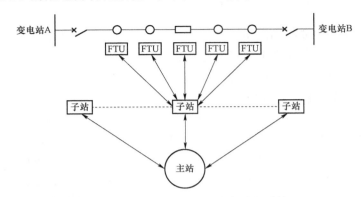

图 3-17　基于 FTU 的配电自动化系统

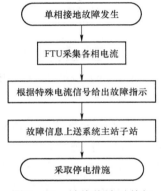

图 3-18　馈线终端对单相
接地故障检测流程

馈线终端对单相接地故障检测流程，如图 3-18 所示。

3）基于故障指示器的单相接地故障检测。通过在配电线路首端、中部及各分支线安装故障指示器，实现接地故障发生区段的判定和指示。当线路发生单相接地时，系统能根据发送告警信号的终端号初步判断故障范围，并通过短信发送给相关人员，相关人员接到信息后，可以结合配电自动化主站和监测系统的数据，确定故障点的大致位置。

配电线路故障指示器，如图 3-19 所示。

图 3-19　配电线路故障指示器

故障指示器对单相接地故障发现流程，如图 3-20 所示。

（2）单相接地故障的查找与定位。单相接地故障发现后，相关人员及时做好记录并迅速通知负责人员，负责人员可根据小电流接地自动选线装置找到故障位置，或者通过人工选线的方式查找故障点。当确定故障点后即可及时通知维修人员，对该线路进行检查与维修，在尽量保证效率的前提下减少故障抢修时间。

1）人工巡线方法查找单相接地故障（见图3-21）。人工巡线法依赖经验丰富的员工对故障现象进行分析，判断故障类型，定位故障地点，分组对故障线路进行逐杆检查并采用摇表测量线路的绝缘电阻以判断是否存在接地故障。据统计，10kV配电网绝缘子绝缘不良引起的接地故障次数要远远多于偶然原因引起的接地故障次数，说明在排查单相接地故障时应重点检查绝缘子的绝缘性能。人工巡线法对人员要求较高，同时，故障需要肉眼观察可轻易发现的。

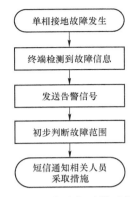

图3-20 故障指示器对单相接地故障发现流程

2）通过拉闸试停查找单相接地故障（见图3-22）。根据调度指令拉闸试停电，优先选择不影响系统运行或影响较小，但发生接地可能性又很大的线路负载进行检查。一般先停空载线路，其次是双回路或有其他电源的线路，再次是分支多、线路长、负荷小且不太重要的用户线路，最后是分支少、线路短、负荷重且较严重的用户线路。若将线路全部选切一遍，三相对地电压指示无变化，应申请故障母线段或线路负载停电后进一步检查处理。

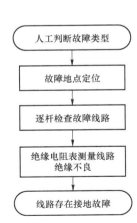

图3-21 人工巡线法查找单相接地故障流程

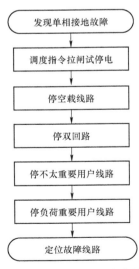

图3-22 拉闸试停法查找单相接地故障流程

3）基于小电流接地选线装置查找单相接地故障。在变电站加装小电流接地自动选线装置，如图3-23所示。此装置改变传统人工选线方式，可自动选择出发生单相接地故障线路。小电流接地选线装置根据接地故障时产生的零序电流进行综合判断，采用零序电流比幅法故障线路上零序电流最大的原理确定线路或母线发生接地故障，通过通讯方式或继电器输出方式，向监控计算主机报告，值班人员通过上报的线路或母线故障信息，进行相应的停电处理。此检测方法时间短、准确性高，可减少非故障线路的不必要停电时间，提高供电可靠性。目前，已有部分变电站加装了这套装置，效果明显。小电流接地自动选线装置故障查找流程如图3-24所示。

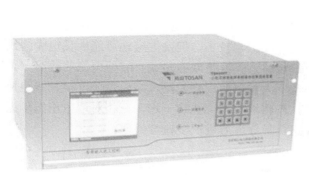

图3-23 小电流接地自动选线装置

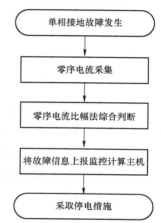

图3-24 小电流接地自动选线
装置故障查找流程

4）通过配电线路故障指示器查找单相接地故障。在当前配电网智能化发展进程中，故障指示器正应用于发生单相接地故障区段的判定和定位。当线路发生单相接地时，10kV暂态录波型故障指示器会对故障波形进行录波，随后将波形上传至配电自动化主站，主站值班人员根据告警信号以及波形能初步判断故障类型及范围，并通过短信发送给相关人员。相关人员接到信息后，可以结合调控中心和监测系统的数据，有选择性、有针对性地进行线路巡视，精准确定故障点的位置，并实施故障修复，以节省故障排查时间、降低停电影响，从而有效保障配电网的供电可靠性。

基于故障指示器的单相接地故障查找示意，如图3-25所示。

故障指示器故障定位流程，如图3-26所示。

（3）单相接地故障的处理与恢复。

1）单相接地故障处理。

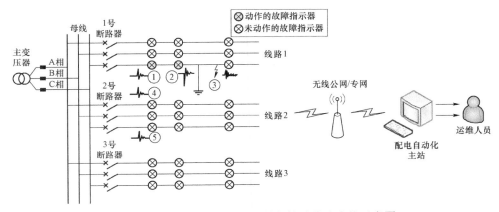

图 3-25 基于故障指示器的单相接地故障查找示意图

a) 系统发生单相接地后, 值班人员首先复位报警音响, 判断接地系统、接地方式、接地相别, 如故障系统已有线路开关柜接地保护动作, 进行确认, 故障线路保护动作能否复位, 迅速向上级系统或调度汇报, 并做好记录。

b) 检查消弧线圈及中性点经高阻接地系统, 动作情况, 注意监视系统电压变化情况, 如系统接地已解除, 及时汇报。

c) 检查接地消弧保护装置系统是否启动, 如启动则表明故障相发生弧光接地, 系统接地相电压指示为"零"。复位故障能否退出消弧保护, 如能退出, 检查系统接地故障是否解除, 如不能退出, 应定期及在分断可疑故障后复位。没有启动, 应注意接地故障期间自动启动后的相应处理。

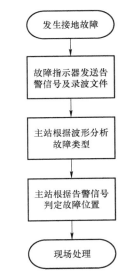

图 3-26 故障指示器故障定位流程

d) 检查本站（所）内故障系统外观有无异常, 重点检查各设备瓷质部分有无损伤, 有无放电及闪络现象, 检查设备上有无异物, 有无外力破损现象, 线路及引线有无断线脱落, 检查互感器、避雷器是否击穿损坏。

e) 若有人员汇报某线路、下级变配电所及负荷等有故障迹象, 则应试拉该线路负荷。

f) 在发生接地瞬间本系统有否启动设备, 初送线路负荷。

g) 按本站操作规程及事故处理规程要求对接地故障进行相应操作处理, 并做好系统上下级变配电站值班人员及调度的联系。

单相接地故障处理流程如图 3-27 所示。

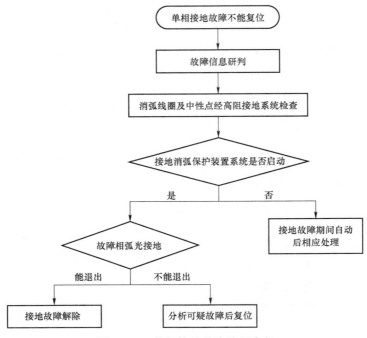

图 3-27 单相接地故障处理流程

2）单相接地故障的恢复。故障后的恢复其实就是把非故障失电区域上的负荷转移到其他馈线上，主要方法是合上配电系统中的某些联络开关，制定出负荷优化综合指标的非故障失电区的恢复方案，但必须满足约束条件。故障后的供电恢复主要目标是寻找正确的、有效的故障恢复方案，而最终的恢复方案就是开关的闭合、断开的一种组合。当故障已经发生时，应安全、准确、有效、及时地安排工作人员进行抢修，恢复策略一般需要把开关的操作次数、用户的优先等级、馈线的负荷裕量、负荷的恢复量以及网络的约束等因素进行综合考虑。接地故障查出后，对一般不重要的用户线路，停电排除故障后方可恢复送电；对于重要用户线路，应先转移负荷，做好安全措施后方可停电排除接地故障。供电企业的专业运维人员对配电网系统单相接地故障应有一定的应对能力，从而缩小事故的影响范围，减少停电对于社会经济的不利影响。

单相接地故障恢复流程如图 3-28 所示。

配电网供电恢复自身存在明显的特点，应针对配电网的特点制定恢复方案，并合理运用算法进行处理。恢复方案应满足如下条件：

a）快速得出恢复方案、减少停电时间，以及提高供电可靠性，把停电造成的经济损失降低；

b）恢复方案要保证尽可能多地恢复失电负荷，使停电所造成的损失减少；

c）必须将用户的优先级纳入考虑范围，故障后需要尽可能快速地将重要用户的供电恢复；

d）开关操作的次数尽量减少，从而延长开关的使用寿命；

e）尽可能均衡分支线路和馈线的负荷分配；

f）把配电网结构保持辐射状结构且尽可能恢复到接近故障前的结构状态；

g）系统的安全越界，不能让变压器和馈线过载，防止各负荷点的电压越限。

（4）单相接地故障的预防。虽然发生故障后及时地处理十分重要，但防患于未然更能减少不必要的损失。应不断学习运用新技术和新方法，提高认识，加强管理，科学应对出现的各种单相接地故障难题，

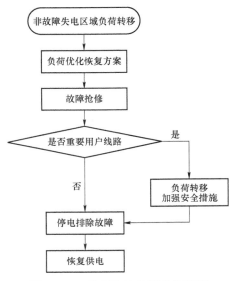

图 3-28　单相接地故障恢复流程

保障供电系统的稳定性，努力实现供电系统自动化。对于单相接地故障的预防，可分管理措施和技术措施来讨论。

1）管理措施。

a）强化线路运维管理。10kV 的配电线路管理部门必须针对该部门管理的线路，构筑完善的责任管理制度，通过考核、奖惩等方式，引导人员认真落实维护工作，要求维护人员编订详细的线路维护计划，使其定期地对其负责的线路进行性能检测与评估。组织技术人员根据维护人员作出的关于检测评估的详细报告，及时对陈旧、破损、不合格的线路进行修复，以提升线路的运行水平，并且对违反规定进行设备安装与线路拉设的用户提出警告。

b）加强线路巡视。线路管理人员必须严格按照工作规定，对其负责的线路进行周期、不定期、日常的巡视，查看线路中是否存在与建筑物距离过近、掉落、树木与鸟窝等外力重压问题，按计划检验导线绑扎的牢固性、横担与拉带的稳定性、拉线是否存在破股等问题，尤其要依照计划做好对于线路的夜间巡视与其他特殊的检验，以及时发现并排除各种故障。线路负责人员还应主动与线路通道周围的林业部门、政府部门加强联系，引导群众对线路周围环境进行及时清理。

c）开展绝缘改造。在市区的城网改造中，对负荷大且重要的线路，采用绝缘导线和配套的耐张线夹，以增强线路的绝缘强度。对于线路易出故障的导线接头，采用先进的穿刺线夹，不仅导线接触良好，还可以连接大小不同的导线。采用新材料改造后，几乎不会发生单相接地故障。

d）特殊季节维护。线路管理人员要结合线路单相接地故障的季节性发生的特点，及时做好特殊季节对于线路的维护。比如，在每年的雨季到来之前，管

理人员必须做好对于变压器与避雷器等设备的耐压、电阻、防雷、防污等检验，并切实做好对于低劣保险丝的更换，尤其要配齐各种防雷设备，且及时更换不合格避雷设备，以保护线路免遭雷电袭击。

e）强化宣传教育。配电线路管理部门要定期做好对于线路周围群众的宣传教育，以易懂的语言向群众解释诱发单相接地故障的原因，以及单相接地对群众的生存健康可能造成的威胁，引导群众配合做好对于线路的维护，或者通过进行图画宣传、视频播放等，使群众避免乱拉线路，或者向线路上搭设重物，并提醒群众阻止孩子在线路周围放风筝。

2）技术措施。

a）通过红外热像技术检测绝缘子缺陷。红外热像技术是一种实用、方便的现场检测方法，它通过检测局部放电、泄漏电流引起的局部温度升高，能直观地发现绝缘子早期缺陷迹象，从而及时采取相应措施，避免因绝缘子缺陷而引起的事故，预防单相接地故障。红外成像技术具有效率高、安全可靠、判断准确、图像直观、探测距离远、检测速度快、不接触探测、不受电磁干扰等特点。红外热像技术对绝缘子故障检测，维持系统的安全、稳定起到了重要的作用。如图 3-29 所示。

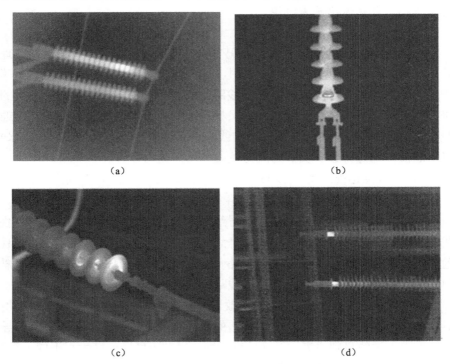

（a）　　　　　　　　　　　（b）

（c）　　　　　　　　　　　（d）

图 3-29　红外热像技术使用实例

（a）支柱绝缘子内部黏接不良；（b）瓷绝缘子低值；（c）瓷绝缘子表明污秽导致发热；
（d）合成绝缘子端部场强不均导致发热

b）通过紫外线成像检测绝缘子污闪。当设备产生放电时，空气中的氮气电离，产生臭氧和微量的硝酸，同时辐射出光波、紫外线。光谱分析表明，电晕、电弧放电产生不同波长的紫外线。采用高灵敏度的紫外线辐射接收器，可记录和分析表面放电情况。绝缘子表面有污染物覆盖，在一定湿度条件下表面电场分布发生改变，产生局部放电，并大量辐射紫外线，因此可以利用紫外线成像技术进行检测并发现污闪，从而减少单相接地故障。

c）通过雷电定位系统监测雷击。雷电定位系统（LLS）是一个实时监测雷电活动的系统，它主要由方向时差探测器（TDF）、中央处理机（NPA）和雷电信息系统（LIS）三部分所组成，它能实时测量雷电发生的时间、地点、幅值、极性、回击次数等参数，为防雷保护工作提供大量实用数据，并为快速查找输电线路的雷击引起的单相接地故障点提供方便。同时，可以统计出雷电多发地段，避免在雷电多发地段安装电力设备或者是多加装防雷设备。

d）选择合理的位置安装配电变压器。因为海拔越高的地方越容易遭受雷击。尤其是在山区地带安装配电变压器时，考虑位置就显得尤为重要，除了需要考虑电网负荷平衡、交通便利及便于安装和维修外，为防止过多的聚集电荷而引发雷害，不能将变压器安装在制高点。除此外，还要安装完善的避雷装置，并且选用质量过关的产品。

e）做好系统优化。10kV 线路的负责部门必须在当前时期，做好对于线路的优化改造，按照设计要求为线路装设消弧线圈，并且要为三角形接线设置存在接地功能的变压器，以使其与消弧线圈共同发挥作用，避免故障的发生。同时，技术人员还要采用专门的消谐器，消除铁磁谐振，并且着重加强对于线路的污秽等级划分管理，以切实保证线路的绝缘性。

3.1.4　单相接地故障案例

单相接地故障案例见表 3－2、表 3－3。

表 3－2　　　　　　　　单相接地故障案例 1

故障时间	2016－09－14，19:46:54		
故障类型	单相接地故障		
故障名称	福清公司 110kV 前张变 10kV 某线 915 线路配网单相接地故障		
故障案例情况			
故障线路名称	10kV 某线 915 线路	故障线路类型	混合线路
中性点接地方式	中性点经消弧线圈接地	故障发生位置	10kV 某线 915 线路兴场分线 011～012 号杆

47

故障现象	（1）前张变电站 10kV 某线 915 断路器过流Ⅰ段保护动作； （2）重合闸成功后，发现母线 A 相电压基本降为零； （3）将 10kV 某线 915 线路转热备用，操作完毕后母线电压恢复正常； （4）现场巡线，发现 10kV 某线 915 线路兴场分线#011～#012 杆 A 相断线，导线掉落在地面上。 
故障处理与恢复	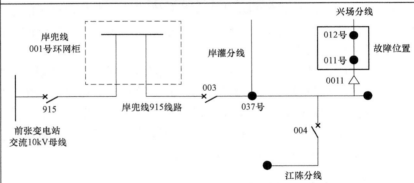 （1）故障发现：通过变电站内系统发现故障，监控组监测到 110kV 前张变电站 10kV 岸兜线 915 断路器过流Ⅰ段保护动作。 （2）故障选线：由于故障先引起 10kV 岸兜线 915 断路器动作并重合闸成功，故直接试拉 10kV 岸兜线 915 线路，操作完毕后母线电压恢复正常，即确定故障线路就是 10kV 岸兜线 915 线路。 （3）故障定位：根据故障指示器提示在 10kV 岸兜线 037 号杆以下设备发生短路故障；先对 037 号杆后主干线进行巡视，10kV 岸兜线 915 线路主干线查无明显故障后，然后根据日常维护经验初步判定故障发生在江陈分线；申请断开江陈分线 004 号杆 004 断路器，操作完毕后申请将 10kV 岸兜线 915 断路器由热备用转运行，操作完毕 A 相失地，排除江陈分线故障；断开 10kV 岸兜线 915 线路 003 号杆 003 隔离开关，操作完毕失地现象消失；后人工巡视发现 10kV 岸兜线 915 线路兴场分线 011～012 号杆断线，锁定故障位置。 （4）故障隔离：断开 10kV 岸兜线 915 线路 003 号杆 003 断路器，断开 10kV 岸兜线 915 线路兴场分线 001 号杆 0011 隔离开关；试送 10kV 岸兜线 915 线路 003 号杆 003 断路器成功，合上 10kV 岸兜线 915 线路江陈分线 004 号杆 004 断路器。 （5）故障抢修：发现故障后，立即组织人员勘查现场，在系统中开抢修票，经调度许可后开展抢修工作，10kV 岸兜线 915 线路兴场分线 011 号～012 号杆搭接导线，抢修完毕后根据调度指令恢复送电
改进建议	（1）安装故障录波装置，采集故障波形； （2）加强线路巡视，提前预防故障发生

表3-3	单相接地故障案例2		
故障时间	2014-2-14，18:22		
故障类型	单相接地故障		
故障名称	南安公司 35kV 洪梅变电站 10kV 梅溪线 621 线路 配网单相金属性接地故障（B 相）		
故障案例情况			
故障线路 名称	10kV 梅溪线 621 线路	故障线路类型	架空线路
中性点接 地方式	中性点不接地	故障发生位置	10kV 梅溪线 621 线路坑郊 支线 9 号杆 B 相绝缘子断裂
故障现象	（1）35kV 洪梅变电站 10kV Ⅱ 段母线 B 相完全失地告警，三相电压分别为 U_a=9.8kV、U_b=0.75kV、U_c=9.67kV，TV 开口三角电压 $3U_0$=90.88V； （2）采用试拉法进行故障选线，按照 Ⅱ 段母线上 10kV 馈线的重要程度，逐条试拉馈线，拉掉 10kV 梅溪线 621 线路后，接地现象消失，因此确定该条线路为接地故障线路； （3）将 10kV 梅溪线 621 线路转热备用，操作完毕后母线电压恢复正常； （4）通过查询无线故障指示器的数据，判断可能出现故障的区段 		
故障处理 与恢复	 （1）故障发现：通过变电站内系统发现故障，监控组监测到 35kV 洪梅变电站 10kV Ⅱ 段母线 B 相完全失地告警，三相电压分别为 U_a=9.8kV、U_b=0.75kV、U_c=9.67kV，PT 开口三角电压 $3U_0$=90.88V。 （2）故障选线：该变电站未安装故障选线装置，故采用接地试拉方法，按照洪梅变电站 10kV Ⅱ 段母线上 10kV 馈线的重要程度，逐条试拉馈线，拉掉 10kV 梅溪线 621 线路后，接地现象消失，因此确定该条线路为接地故障线路。		

故障处理与恢复	（3）故障定位：通过查询无线故障指示器的数据，判断可能出现故障的区段。如下图所示，10kV 梅溪线 72 号杆控制坑郊支线故障指示器数据（在科力公司的指示器中命名为接地基准的数据），2014－02－14 18:23 该指示器 B 相发生大量跃变，该跃变是由于线路接地发生参数变化导致的，因此可以判断出接地区段在该指示器后段。

2014-02-14 15:25:00	3	3	3
2014-02-14 15:40:00	3	2	3
2014-02-14 15:55:00	5	3	3
2014-02-14 16:10:00	3	3	3
2014-02-14 16:25:00	3	3	3
2014-02-14 16:40:00	3	3	3
2014-02-14 16:55:00	4	4	3
2014-02-14 17:10:00	3	3	3
2014-02-14 17:25:00	3	3	3
2014-02-14 17:40:00	3	3	3
2014-02-14 17:55:00	1	1	2
2014-02-14 18:04:00	1	3	14
2014-02-14 18:04:00	17	2	14
2014-02-14 18:05:00	17	11	14
2014-02-14 18:10:00	2	2	2
2014-02-14 18:23:00	2	206	2
2014-02-14 18:23:00	2	206	36
2014-02-14 18:23:00	142	206	36
2014-02-14 18:23:00	142	135	36
2014-02-14 18:23:00	142	135	36
2014-02-14 18:40:00	0	3	3
2014-02-14 18:55:00	0	3	3
2014-02-14 19:10:00	0	3	3
2014-02-14 19:25:00	0	0	0
2014-02-14 19:25:00	269	322	172

（4）故障隔离：洪梅变电站 10kV 梅溪线 621 线路坑郊支线 1 号杆 3199 隔离开关由合闸转分闸隔离，洪梅变电站 10kV 梅溪线 621 断路器遥控转运行正常。
（5）故障抢修：发现故障后，立即组织人员勘查现场，在系统中开抢修票，经调度许可后开展抢修工作，10kV 梅溪线 621 线路坑郊支线 9 号杆 B 相绝缘子更换，抢修完毕后根据调度指令恢复送电。 |
| 改进建议 | 加强线路巡视，提前预防故障发生 |

3.2 短路故障

3.2.1 短路故障类型

根据发生在配电线路上的故障持续时间的长短，可将短路故障分为两大类，即瞬时性故障和永久性故障。对于瞬时性故障，如雷击，当雷电击中架空线路引发相间故障之后，断路器迅速动作将故障线路切除。故障切除后，在由雷电引发的故障电弧将迅速熄灭后，故障消失，线路恢复正常。此时，如重合断路器，配电系统便能恢复正常供电。而永久性故障指的是当故障发生后，断路器迅速动作，将故障线路切除，但故障不会自动消除的故障类型。因为故障仍然存在，所以延时后重合断路器，断路器会再次跳开，配电网不能恢复正常供电。例如像线路杆塔倾倒、绝缘瓷瓶击穿，这些情况下即使断路器能够及时将故障线路断开，故障仍然存在，断路器不能成功重合。

（1）两相短路。电力系统短路的类型主要有：单相接地短路、两相短路、两相接地短路及三相短路。三相短路时，由于被短路的三相阻抗相等，因此，三相电流和电压仍然是对称的，又称为对称短路。其余几种类型的短路，因系统的三相对称结构遭到破坏，网络中的三相电压、电流不再对称，故称为不对称短路。

由于两相相间短路故障时，系统线路没有接地，系统中性点不会发生漂移，所以其与中性点接地系统两相间短路故障的电压与电流分布相同，系统只含有正序和负序分量，而不存在任何零序分量；两相短路电流为正序电流的，且大小相等，方向相反；短路时非故障相电压在短路前后不变，短路点非故障相电压为正序电压的两倍，而故障相电压只有非故障相电压的一半且方向相反。

在中性点非直接接地的配电网中，相间短路故障产生的危害很大。发生相间短路时，由于电源供电回路阻抗的减小和突然短路时的暂态过程，使短路回路中的电流急剧增加，超过回路中额定电流许多倍。短路电流的大小取决于短路点距电源的电气距离，由于配电线路发生两相短路时，故障电流相对较大，可以采取电流定值的方式作用于故障跳闸。

（2）两相短路接地。两相接地短路是指两相接地不在一点，它可以是同一小接地系统的不同出线，也可以是同一出线的不同点。其短路电流及母线各相对地电压的变化受接地点和接地电阻的影响很大，常规的继电保护难以准确反映两点接地故障及切除故障线路，导致故障长时间地存在，严重威胁电网安全。发生两相接地短路的过程一般如下：任一相绝缘受到破坏而接地，非故障的两相对地电压升高为线电压，绝缘薄弱点被击穿而形成两点接地。

若配电网发生了两相接地短路，系统中性点产生了偏移，两相电流增大、两相电压降低，故障后非故障相的相电压上升为原来相电压的 1.5 倍，而故障相相电压则降低为 0。其故障现象如下：变电站 10kV 母线的零序电压超过阈值；对于发生接地的两相，在其接地点上游的开关会经历对应相的故障电流；在发生接地的两相，其接地点上游至少有一台断路器跳闸遮断故障电流。

（3）三相短路。运行经验表明，电力系统各种短路故障中，单相短路占大多数，约为总短路故障的 65%，三相短路只占 5%～10%。三相短路故障发生的几率虽然小，但通常三相短路的短路电流最大，危害也最大，必须引起足够的重视。

当配电网发生三相短路时，三相电流和电压仍然是对称的，系统中不存在零序电压和零序电流，三相电流增大、三相电压降低。

3.2.2 短路故障成因及危害

（1）设备自身引起相间短路故障。

1）单相接地引起相间短路。发生单相接地后，故障相对地电压降低，非故障两相的相电压升高，但线电压却依然对称，因而不影响对用户的连续供电，系统可运行 1~2h。但是若发生单相接地故障时电网长期运行，因非故障的两相对地电压升高 1.732 倍，可能引起绝缘的薄弱环节被击穿，发展成为相间短路，使事故扩大，影响用户的正常用电。

2）绝缘子污闪、老化。绝缘子污闪、老化引起的短路故障成因与引起单相接地故障成因相似。由于绝缘子污闪、老化等损坏情况下发生单相接地后会形成电弧放电，与这种形式相对应的泄漏电流脉冲值较大，局部电弧越强烈，相应的泄漏电流就越大。这种间歇脉冲状的放电现象的发生和发展是随机的、不稳定的，在一定的条件下，局部电弧会逐渐沿面伸展形成相间短路。

绝缘子污闪导致相间弧光短路，如图 3-30 所示。

3）避雷器或熔断器绝缘击穿。配电变压器台中装设的避雷器或熔断器击穿、炸毁是引起配网短路故障的常见原因，熔断器熔丝熔断、避雷器击穿、炸毁等过程将产生弧光，造成相间弧光短路，线路跳闸。熔断器绝缘击穿导致相间弧光短路，如图 3-31 所示。

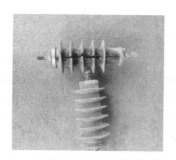

图 3-30　绝缘子污闪导致相间弧光短路　　　图 3-31　熔断器绝缘击穿
　　　　　　　　　　　　　　　　　　　　　导致相间弧光短路

4）导线断股。由于制造或架设过程中损伤导线造成断股，在运行一段时间后，断股散开，散开处的线头碰到临近导线引起短路。巡检时发现断股导线后，应及时用绑线或同型号导线将断股线头绑扎好。避免导线断股引起短路故障，如图 3-32 所示。

5）拉线、引线、金具及相应桩头、结构故障。配电线路中的各种拉线、引线、金具等由于材质、不平衡张力、老化及施工工艺不良等因素影响，容易引起断裂、断线而产生弧光，导致弧光短路，或是引线、拉线断线后同时搭接在两相上，导致故障。另外，由于配电线路接头、桩头未采取有效的绝缘措施，或是接头、桩头焊接不牢靠，接触不良，在长时间运行容易老化断线，产生弧光，从而导致相间短路故障，如图 3-33 所示。

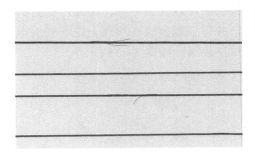

图 3-32　导线断股引起短路故障

图 3-33　引线结构故障引起弧光短路故障

（2）外部因素引起的相间短路故障。

1）雷击。配电网一般不装设避雷线保护、绝缘水平低，易受直击雷和感应雷的危害。配网最主要的防雷措施是避雷器，但是受制于避雷器设备质量、避雷器配置不完善或避雷器接地装置的电阻超标等因素影响，配电网遭受雷击时，雷电电压高、放电瞬间电流大，配电线路的相间距离无法承受时，引起相间弧光短路，造成雷击跳闸事故。

2）鸟类等动物接触。鸟类等动物接触引起的相间短路故障与引起单相接地故障情况类似，当鸟类在收/张翅膀之际，可能会同时触及两相导线，从而导致相间故障发生，见图 3-34。

3）异物短路。异物短路是造成配电网事故跳闸的重要原因之一，处于城镇街道旁边或自然环境差的区域附近的配电线路，可能会因大风、放风筝、抛掷金属物、晾衣服或电杆上藤萝类植物附生等因素造成一些导体、半导体的物品挂在线路上，造成两相或三相短路。例如，带铝箔的塑料纸、金属物残体、刮断的树枝在导线上的接触等，都可能造成配电线路的相间短路故障。这类故障的特点是：因短路物品的特性不同，查找的困难程度也不同。因此，在查找此类故障时，应特别注意导线上的残留物，并仔细观察其在线路上留下的放电点以及地上的残留物。避免异物搭接引起短路故障，如图3-35所示。

图3-34　鸟类触碰引起短路故障

图3-35　异物搭接引起短路故障

4）导线舞动造成缠绕短路故障。当导线发生舞动时，导线在悬挂、固定的垂面上，形成有规律的上、下波浪状的往返运行叫舞动，横向稳定而均匀的风速是造成导线舞动的原因。导线舞动时，当导线弧垂较大时，导线舞动的振幅值也加大。尤其在三条导线的弧垂不相同时，振幅值也不相同，在导线线间距离较小、导线伴有左右摆动的情况下，在一档内两条或三条导线就会缠绕在一起，使线路发生相间短路，开关跳闸。当导线继续舞动时，将从缠绕点向两边顺线路扩大缠绕距离，并向两点杆支持绝缘子导线固定处发展延伸，直到导线受力拉紧再也不能缠绕在一起为止，导线才停止舞动。导线缠绕引起短路故障，如图 3-36 所示。

5）自然灾害引起的相间故障。覆冰、大风、山体滑坡等自然灾害引起的配网相间短路故障时有发生，局部地区受大风、暴雪影响，导线覆冰严重，加之故障受损区域位于山口地形，受较强横风影响，造成杆塔倒塌；或由于线路处于地质结构较差地带，土质松软，杆塔基础难以承受电杆抗倾覆力矩导致倾倒。杆塔倾倒或倒塔，引起导线缠绕，导致发生相间短路故障。自然灾害引起短路故障，如图 3-37 所示。

图 3-36　导线缠绕引起短路故障

图 3-37　自然灾害引起短路故障

图 3-38　施工工艺不规范引起短路故障

（3）其他相间短路故障。例如施工工艺不规范导致相间或引线间距离过近、配电变压器低压侧故障、误操作等同样会造成相间短路故障。另外，如果电气设备与绝缘部件相间击穿也会造成此类故障，如图 3-38 所示。

（4）相间短路的危害。巨大的短路电流通过导体，短时间内产生很大热量，形成很高温度，极易造成设备过热而损坏。

由于短路电流的电动力效应，导体间将产生很大的电动力。如果电动力过大或设备构架不够坚韧，则可能引起电气设备机械变形甚至损坏，使事故进一步扩大。

短路时系统电压突然下降，对用户带来很大影响。例如作为主要动力设备的异步电动机，其电磁转矩与端电压平方成正比，电压大幅下降将造成电动机转速降低甚至停止运转，给用户带来损失；同时电压降低能造成照明负荷诸如电灯突然变暗及一些气体放电灯的熄灭等，影响正常的工作、生活和学习。

当系统发生不对称短路时，不对称短路电流的磁效应所产生的足够的磁通在邻近的电路内能感应出很大的电动势。这对于附近的通信线路、铁路信号系统及其他电子设备、自动控制系统可能产生强烈干扰。

短路时会造成停电事故，给国民经济带来损失。并且短路越靠近电源，停电波及的范围越大。

3.2.3 短路故障处理流程

（1）相间短路故障的发现。配电网发生相间短路时，由于电源供电回路阻抗的减小和突然短路时的暂态过程，使短路回路中的电流急剧增加，故障电流相对较大，相比于单相接地故障，短路故障特征更加明显，故障更易于发现。

我国大部分地区普遍采用变电站 10kV 出线断路器配置延时速断保护、过流保护和一次重合闸功能。当发生相间短路时，变电站出线断路器将会经历故障电流，当故障电流幅值大于设定的动作定值时，延时一段时间后跳闸。再经过一段时间的延时后出线断路器重合，若是瞬时性故障，则重合成功；若是永久性故障，则重合不成功，出线断路器处于断开状态。当变电站出线开关动作后发出故障告警信号，值班人员提示运维人员进行故障查找定位与处理。

对于已实施配电自动化区域或安装故障指示器的线路，一方面可以通过配电自动化主站实施接收故障告警信息；另一方面，一些地区采用了移动抢修 APP 系统，当线路发生故障后，通过短信、电话等方式接收故障信息，运维人员可通过上述故障信息及时发现故障。

（2）相间短路故障的查找与定位。

1）继电保护方式。继电保护方式实现短路故障的查找与定位原理是通过对变电站 10kV 出线断路器和 10kV 馈线断路器设置不同的保护动作延时时间来实现故障选择性、可靠性、快速隔离。

对于供电半径较长、分段数较少的开环运行农村配电线路，在线路发生故障时，故障位置上游各个分段断路器处的短路电流水平差异比较明显时，可以采取电流定值与延时级差配合的方式实现故障切除与定位。

对于供电半径较短的开环运行城市配电线路或分段数较多的开环运行农村配电线路，在线路发生故障时，故障位置上游各个分段断路器处的短路电流水平往往差异比较小，无法针对不同的开关设置不同的电流定值，此时仅能依靠保护动作延时时间级差配合实现故障有选择性的切除与定位。

在实际当中，故障发生后往往由于各级断路器保护配合问题造成发生越级跳闸和多级跳闸等现象，而且往往对于永久性故障和瞬时性故障判别也带来困难。为了避免上述现象，目前大多数地区采用负荷开关作为馈线开关，发生短路故障以后，变电站出线断路器跳闸以切除故障。此种情况下，配电线路发生故障后，仅能通过人工逐级巡线方式确定故障位置。

2）故障指示器方式。故障指示器能够实时检测线路的运行状态和故障发生的地点，如送电、停电、接地、短路、过电流等。当线路运行状态发生变化或线路发生故障时，线路上从变电站出口到故障点的所有故障指示器均翻牌或闪光指示，而故障点后的故障指示器不动作。对已经安装故障指示器的线路，在系统发生短路故障后，巡线人员可借助故障指示器的报警显示，迅速确定故障区段，并找出故障点并处理，极大地提高了供电可靠性。

3）集中型馈线自动化。对于已实施配电自动化区域而言，故障发生后配电自动化主站可以收到配电自动化终端发来的故障电流信息、开关状态（合闸或分闸）信息以及变电站开关状态、保护动作信息、重合闸或备自投动作信息。配电自动化主站根据上述信息启动馈线自动化策略，线路上从变电站出口到故障点的所有配电自动化终端均采集到故障告警信息，而故障点后的配电自动化终端未采集到故障告警信息，则配电自动化主站结合网络拓扑判断出故障区间，并遥控开关操作，实现故障的隔离，并根据网络拓扑、线路负载率等信息实现非故障区段的供电恢复。

此种故障处理，由配电自动化主站完成故障快速定位隔离，快速实现非故障区段的自动恢复供电，而且开关动作次数少，对配电系统的冲击小。该模式正常运行时监控整个配网系统运行，还能根据线路负荷余量，进行负荷转带，优化重构方案。

4）就地型馈线自动化。就地型馈线自动化包括重合器式和智能分布式两类，智能分布式馈线自动化仅适用于电缆环网等一次网架成熟稳定并且终端间具备对等通信的区域，本章重点针对架空线路故障而言，因此仅描述重合器式馈线自动化的故障查找、定位技术。

重合器式馈线自动化是指发生故障时，通过线路开关间的逻辑配合，利用重合器实现线路故障定位、隔离和非故障区域恢复供电，根据不同判据又可分为电压时间型、电压电流时间型以及自适应综合型。

（3）相间短路故障的处理与恢复。在查找和定位短路故障后，故障线路进行停电操作，对故障现场进行安全围栏保护，短路故障的处理与恢复流程图如图 3-39 所示。

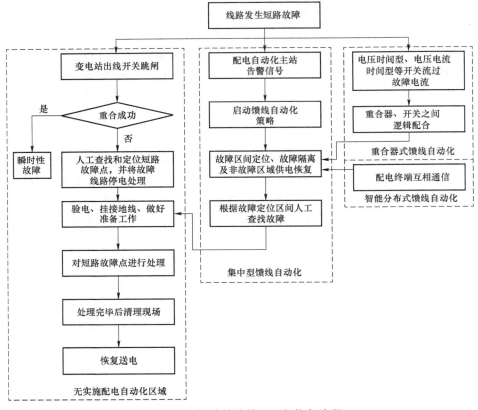

图 3-39 短路故障的处理与恢复流程

1）配电网故障处理应遵循保人身、保电网、保设备的原则，在尽快查明故障地点和故障原因的基础上，消除故障根源，防止故障的扩大，及时恢复用户供电。

2）正确分析和判断故障点是故障处理的关键，运维人员在接到故障通知后立即进行巡线，若故障可定位到区段，则仅需要对故障区段内的线路及设备进行巡视检查，确定故障点；若现有的技术手段不足以将故障定位区段，则运维人员需要从变电站出线开始巡视查找故障点，必要时采取分段排除法进行判断。应当注意，在巡视过程中，运维人员可向附近群众收集故障信息，以便快速定位故障点。

3）在查找到故障后，应保护好现场，采取措施防止行人接近故障线路和设备，避免发生人身伤亡事故；尽量缩小故障停电范围和减少故障损失；多故障处理时处理顺序是先主干线后分支线，先公用变压器后专用变压器。

4）根据前期配网运维分析情况来看，部分配网故障是由于外力破坏、异物短路、偷盗等原因引发。因此，在故障处理过程中，应注意加强电力安全的宣传、张贴警示标识牌等，防止电力设施附近垃圾倾倒、放风筝、焚烧等现场；对于破坏电力设施的行为，有必要联系当地公安机关予以解决。

5）配电网短路故障后的供电恢复应遵循先重要用户后一般用户，优先恢复一、二级重要用户及敏感用户的供电。在故障恢复过程中，若涉及与带电线路平行、邻近或交叉跨越的线路上工作，应采取防止误登有电线路、杆塔的安全措施；同时故障恢复优先采用不停电作业方式，减小故障停电影响范围。

（4）相间短路故障的预防。

1）提前准备，降低自然灾害影响。

a）对个别档距较大的线路，在风季来临前，应及时检查线路驰度及风偏；建立气象数据库，完善风灾地区的气象数据，综合分析，采取科学有效的防风措施。

b）线路设计之初就要综合考虑线路架设地区的地形特点，对线路的防雷设计进行针对性的分析。在杆塔的选用上，也要综合当地的地形及雷击分布特点，因地制宜地进行设计。每到雷季之前，要做好相应台区的避雷器检查，发现问题及时更换，将避雷器安装在电缆头、柱上开关等处，同时空旷雷击多发地区，大量加装线路避雷器，做好避雷器的轮换和预防性试验工作。

c）加强工程的检查验收，确保施工质量。在连接地下的接地装置时，禁止使用铁质并沟线夹，同时做好接地装置的防腐蚀工作。

d）对受外界环境影响造成一些杆塔的基础下沉或土壤松弛的状况，应及时填土夯实，对一些在配电线路中起主要作用的杆塔（尤其农网），如果是地势较低，容易积水或易受洪水冲刷的，有必要在杆基处筑防护堤。

2）多管齐下，预防外力破坏。

a）在所有安全距离度不大的T接杆、转角杆、隔离开关、跌落开关处实施中相绝缘化，提高安全距离度，可以有效避免鸟类和异物造成的故障，减少导线短路的概率。

b）在交通道路附近的杆塔上绘涂显眼醒目反光漆，为拉线加装红白发光标志，通过这些引起机动车驾驶员注意，进而减少车辆碰撞杆塔之类事故的发生。

c）加强安全用电宣传教育，重点突出违章施工及高压线路放风筝等对人身安全的严重危害，在线路关键位置设立显眼的警示牌，加强各类用电客户的安全用电宣传及教育，提高用电客户的安全用电意识。

d）对盗窃及破坏线路器材违法犯罪活动保持高压态势，招募义务换线人员和发动群众，加强与公安部门及地方政府的协作，对违法犯罪分子进行严厉打击。

e）电力运行部门要对配电线路的杆塔基础、违章建筑物、拉线基础进行定期巡视，及时处理和检修设备缺陷，及时清理整顿违章建筑物。

3）加强线路施工与设备运行管理。

a）对验收环节加强管理，减少因在施工安装过程中的施工工艺问题而导致的导线连接部件接触不良现象的发生。

b）加强对配电线路的定期巡视，主要巡视内容是：横担、绝缘子固定螺栓是否松脱，导线与树木、建筑物距离，导线与绝缘子的绑扎和固定是否牢固，导线弧垂是否过大或过小，拉线是否断裂或破股等。

c）在负荷高峰期运用红外线测温仪测量导线连接器的温度，一旦温度异常，立即进行处理，避免高温熔断导线。

d）在线路上安装短路故障指示器。借助指示器快速排查出故障点，及时排除，减小因短路故障导致的事故损失。

e）线路运行时，对馈线的负荷实施监测，及时合理地调整馈线的负荷，杜绝线路超载运行的发生。

f）制定合理的检修计划，实现线路检修的定期化，及时处理重大缺陷及事故隐患，保障线路安全，未雨绸缪。积极推进配电设备的定期轮换建设，进一步提高设备的安全水平。

3.2.4 短路故障案例

相间短路故障案例见表3-4、表3-5。

表3-4　　　　　　　　　　相间短路故障案例1

故障时间	2017年3月27日 03:09:00		
故障类型	相间短路故障		
故障名称	南安公司110kV郭前变电站10kV虎山线610线路 配网相间短路故障		
故障案例情况			
故障线路名称	10kV虎山线610线路	故障线路类型	混合线路（架空为主）
中性点接地方式	中性点经消弧线圈接地	故障发生位置	10kV虎山线610线路天帝支线9-1号主杆合兴变压器
故障现象	（1）郭前变电站10kV虎山线610线路过电流I段动作跳闸； （2）因短路为大电流，闭锁重合闸； （3）10kV虎山线11号杆控制天帝支线侧故障指示器动作翻牌； （4）现场巡线，发现虎山线天帝支线11号杆合兴变压器烧毁 		

故障处理 与恢复	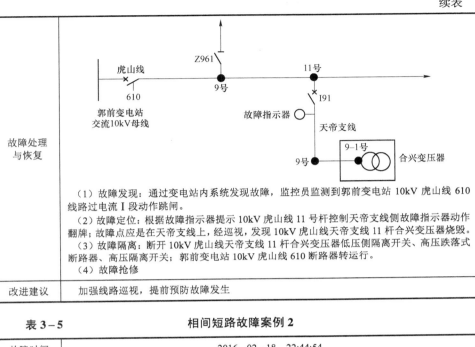 （1）故障发现：通过变电站内系统发现故障，监控员监测到郭前变电站 10kV 虎山线 610 线路过电流Ⅰ段动作跳闸。 （2）故障定位：根据故障指示器提示 10kV 虎山线 11 号杆控制天帝支线侧故障指示器动作翻牌；故障点应是在天帝支线上，经巡视，发现 10kV 虎山线天帝支线 11 杆合兴变压器烧毁。 （3）故障隔离：断开 10kV 虎山线天帝支线 11 杆合兴变压器低压侧隔离开关、高压跌落式断路器、高压隔离开关；郭前变电站 10kV 虎山线 610 断路器转运行。 （4）故障抢修
改进建议	加强线路巡视，提前预防故障发生

表 3-5　　　　　　　　　　　　相间短路故障案例 2

故障时间	2016-02-18，22:44:54
故障类型	相间短路故障
故障名称	福建省南安公司西庄变 10kV 西岭线 623 线路 相间短路故障

故障案例情况

故障线路 名称	西庄变电站 10kV 西岭线 623 线路	故障线路类型	架空线路
中性点接 地方式	中性点经消弧 线圈接地	故障发生位置	10kV 西岭线 10 号杆
故障现象	（1）22:44 西庄变电站 10kV 西岭线 623 线路过电流Ⅰ段动作跳闸，过电流Ⅰ段闭锁重合闸，因此该线路重合未启动。 （2）22:45 故障定位系统研判：西岭线 1 号杆后面区域短路故障（因 10kV 西岭线 1 号杆故障指示器翻牌动作，10kV 西岭线 24 号杆指示器未动作）。 （3）23:52 经现场巡视：10kV 西岭线 10 号杆被车撞断。  		

故障处理与恢复	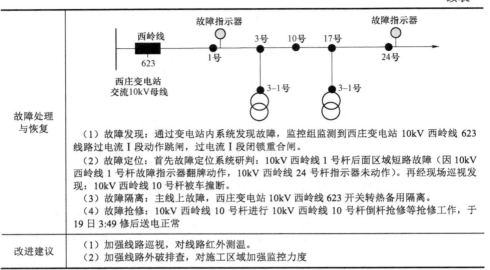 （1）故障发现：通过变电站内系统发现故障，监控组监测到西庄变电站 10kV 西岭线 623 线路过电流Ⅰ段动作跳闸，过电流Ⅰ段闭锁重合闸。 （2）故障定位：首先故障定位系统研判：10kV 西岭线 1 号杆后面区域短路故障（因 10kV 西岭线 1 号杆故障指示器翻牌动作，10kV 西岭线 24 号杆指示器未动作）。再经现场巡视发现：10kV 西岭线 10 号杆被车撞断。 （3）故障隔离：主线上故障，西庄变电站 10kV 西岭线 623 开关转热备用隔离。 （4）故障抢修：10kV 西岭线 10 号杆进行 10kV 西岭线 10 号杆倒杆抢修等抢修工作，于 19 日 3:49 修后送电正常
改进建议	（1）加强线路巡视，对线路红外测温。 （2）加强线路外破排查，对施工区域加强监控力度

3.3　断线故障

3.3.1　断线故障类型

（1）根据断线数量分类。配电网架空线路断线故障按照断线数量，可分为单相断线、两相断线、三相断线三类。

配电网架空线路断线故障中单相断线故障最为常见，雷击、外力破坏、施工工艺不良、设备缺陷等都可能导致单相断线故障。单相断线故障又可分为单相断线不接地和单相断线接地两种情况。单相断线不接地故障例如单相跳线断线、开关电器一相接触不良、单相熔断器熔断等，当发生线路断线但不接地时，断线线路的零序电流很小，站内接地选线装置一般不会动作；单相断线接地常发生于雷击、外破造成某相线路掉落地面，形成断线接地故障。单相断线接地故障一般会引起站内接地选线装置动作。

配电网架空线路两相断线故障多为外破引起。两相断线不接地故障发生后，断线两相对地电压略高于相电压且相等，非断线相对地电压略低于相电压，一般电压互感器的开口三角电压不足以启动报警。两相断线在电源侧接地时，会造成相间短路故障，引起变电站出口断路器跳闸。

配电网架空线路三相断线较为少见，一般为外破引起。三相断线故障后电源侧相电压保持不变，负荷侧相电压为零。

（2）根据断线接地情况分类。配电网架空线路断线故障按照断线接地情况，可分为断线不接地和断线接地两种类型，其中断线接地又可分为断线在电源侧接地，断线在负荷侧接地两种类型。

单相断线不接地故障时，变电站选线装置一般是不会发信号的，但是在变电站可以检测到断线线路的运行参数有明显的变化，断线相电流为零（设为主干线断线），非断线两相电流显著减小，线路功率也显著减小。两相断线不接地变电站选线装置一般不发信号，但断线线路三相电流和功率为零或显著降低，用户供电中断，并不难判别断线故障。

单相断线在电源侧接地时会发接地信号，但在变电站检测到的各相对地电压和零序电压，与单相接地故障是相同的，而单相接地故障可以运行一定时间，这就要根据这两种故障时线路电流和功率的变化加以鉴别。

单相断线在负载侧接地时会发接地信号，但在变电站检测到的各相对地电压与单相接地不同，这里是一相对地电压升高约为 1.5 相电压，两相对地电压降低约为 0.866 相电压，而单相接地时是一相对地电压降低接近零、两相对地电压升高接近线电压。

（3）常见的几种断线故障特点对比。常见的几种断线故障类型有：单相断线不接地、单相断线在电源侧接地、单相断线在负载侧接地、单相断线两端都接地、两相断线不接地及两相断线接地。其主要故障特点如表 3－6 所示。

表 3－6　　　　　　　　　　　常见的几种断线故障特点

故障类型	主要特点
单相断线不接地	断线相对地电压略有升高，非断线两相对地电压有降低且相等，零序电压很小，不发信号
单相断线在电源侧接地	断线相对地电压为零，非断线相对地电压升高为线电压，零序电压较大，发接地信号
单相断线在负载侧接地	断线相对地电压为 $1.5U_p$，非断线两相对地电压为 $0.866U_p$，U_o=50V，发接地信号
单相断线两端都接地	为两相一地供电，断线相对地电压为零，非断线相对地电压升高为线电压，U_o=100V，发接地信号
两相断线不接地	断线两相对地电压略有升高且相等，非断线相对地电压略有降低，U_o 很小，不发信号
两相断线接地	造成相间短路故障，变电站出口断路器跳闸

3.3.2　断线故障成因及危害

（1）设备自身原因引起的断线故障。

1）设备存在缺陷或老化。造成配网断线事故的因素之一就是设备存在缺陷，如图 3-40 所示。设备存在的缺陷，引发故障的现象如下：瓷横担发生了断裂的现象、导线的接头被锈腐蚀现象、针式绝缘子存在着缺损的现象等。这些设备上面出现故障，需要工作人员在对线路进行检查的时候，及时发现，立即处理。

2）设备安装工艺不当。配网架空线路安装工艺不当也会导致断线故障。例如线夹安装不当，紧固不当时，若出现气温骤降天气，导线极度收缩，张力增大，极易引起断线故障，如图 3-41 所示。

图 3-40 避雷器绝缘击穿引起断线故障

图 3-41 线夹安装工艺
不当引起断线故障

（2）外部因素引起的断线故障。

1）雷击。10kV 配网断线事故中主要的原因之一就是雷电击中造成，特别是对于架空绝缘导线，雷击引起的断线故障时有发生。架空导线被雷电击中时发生故障的过程可以分为两种：① 雷电在过电压的时候将绝缘层击穿，造成导线对地进行放电，电力系统工频电压不断地累积在雷电放电电离的通道上，长时间的工频短路会导致电流的间弧发生燃烧事故。② 雷电击中的放电点在导线上，如果这个能力在很小的范围内就能被击中，那么它可以把导线进行部分的快速熔化，造成配网断线事故。

2）树障。配网线路穿越树林区域时，若线路未与树木保持足够的安全距离，树木在大风、降雨、冰冻作用下倾倒会造成线路断线故障。特别是对于山区线路，树障引起的断线故障较为严重，如图 3-42 所示。

3）外力破坏。国内城市化建设的力度不断增大，在对道路进行规划的时候，与配网线路的冲突已经慢慢地显而易见。在一些特殊地区的配网线路会容易受到交通工具和道路建设的影响，严重时会造成杆塔倒塌配网断线的事故。外力破坏导致倒杆断线，如图 3-43 所示。

图 3-42 树障引起断线故障

图 3-43 外力破坏导致倒杆断线

（3）断线故障的危害。

1）影响供电可靠性。在线路发生断线故障后，故障位置负荷侧的电压质量将会受到明显的影响，配电网出现大量负序电流，电压将会出现严重不平衡现象，系统的三相对称性遭到破坏，致使三相电路不再平衡，此时维持线路继续运行的状态已经没有意义，同时电动机会因缺相运行而烧毁，降低设备使用寿命，电能质量变坏，供电可靠性降低。

2）危害人身安全。断线悬空的导线会对行人安全造成严重的影响，特别是在深夜或恶劣的天气里，可能因无法及时发现并上报故障而造成严重的设备损坏和人员伤亡事故。断线可引起各种接地故障，断开的导线如果长时间接地，会烧焦土地，点燃易燃物引发火灾，甚至电死人畜，危害人身安全，严重威胁电网的安全稳定运行。

3.3.3　断线故障处理流程

（1）断线故障的发现。

1）单相断线不接地。该种情况下一般不会发出信号，但是在变电站可以检测到断线线路的运行参数有明显的变化，断线相电流为零（设为主干线断线），非断线两相电流显著减小，线路功率也显著减小。因为负载缺相运行以后，电动机或者缺相保护动作，或者熔断器熔断，或者电机烧毁，单相负载的功率也减小一半。同时，虽然不发信号，三相对地电压也是有变化的：一相升高、两相降低且相等，开口三角也会出现一定数值的零序电压。调度员还可以迅速查问用户端的电压和负载运行情况，确认线路断线后立即拉闸。

2）单相断线并在电源侧接地。该情况下会发接地信号，但在变电站检测到的各相对地电压和零序电压，与单相接地故障是相同的，而单相接地故障可以运行一定时间，这就要根据这两种故障时线路电流和功率的变化加以鉴别。单相接地时，供电的三相电压系统仍然是平衡的，接地线路的电流和功率都没有变化。而断线接地时，断线线路三相电流不平衡，一相电流为 0，两相电流大幅度减小，有功功率和无功功率也大幅减小。同时，在负载处的三相对地电压不同，单相接地时，一相对地电压降低接近 0，两相对地电压升高为接近线电压，且用电正常；而断线接地时，三相对地电压都升高，零序电压显著超过 100V，且用电设备工作不正常。

3）一相断线并在负载侧接地。这种情况也会发接地信号，但在变电站检测到的各相对地电压与单相接地不同，这里是一相对地电压升高约为 1.5 倍相电压，两相对地电压降低约为 0.866 相电压，零序电压只有 50V，而单相接地时是一相对地电压降低接近零、两相对地电压升高接近线电压、零序电压约为 100V。

4）两相断线不接地。这种情况一般不发信号，但断线线路三相电流和功率为零或显著降低，用户供电中断，并不难判别断线故障。

（2）断线故障的查找与定位。

1）单相断线故障查找与定位。10kV 线路出现单相断线等故障以后，故障线路负序电流的特征变化较为明显，其数值要比非故障的线路的负序电流要大出很多，且负序电流的方向与系统负序电流的方向相反；但是非故障线路的负序电流与系统侧负序电流的方向相同，而且发生单相断线故障前后的正序电流有着很大的变化，这样就能够很明显的区分故障线路与非故障线路，从而实现对于断线故障的查找。

断线以后的故障其故障点的两侧相电压的变化有着不同的情况，两侧的零序电压的变化也都有着不同的特征，所以就能够把线路分成几种区段，分别在每个线路的节点的位置上装电压监视的装置，或者装上带开口的三角形 TV，当故障出现以后，对每个线路节点处的相电压进行采集，或者是对零序电压进行采集，并上传到变电站，一旦有两个相邻的节点其相电压或者是零序电压出现不同的变化特征，那么在这两个线路的节点位置间的这个区段就是故障的区段，这样我们就能够快速地对线路断线的故障进行定位，从而才能够及时地对断线故障进行处理。

2）多相断线故障的查找与定位。发生多相断线故障时前后正序的电流有着很大的变化，所以可以利用正序其电流的变化当作查找多相断线以及接地的复杂故障的依据。

两相断线的故障查找依据：第一，电源侧的零序电压会增大，最大能够达到发生故障前的相电压，其他的一相电压会降低，最低达到。负荷侧的三相电压保持相等，最小的降低到。第二，电源侧的零序电压会增大，最大时会与发生故障前的相电压相等；负荷侧的零序电压也会增大，最大时会与发生故障前的相电压相等。但是电源侧与负荷侧的零序电压是不相等的。电源侧和负荷侧的开口的三角电压都要比小。当末端发生断线的时候，电源侧的开口的三角电压相近于 0，负荷侧的开口的三角电压相近于 100V。开端发生断线的时候，电源侧的开口的三角电压相近于 100V，负荷侧的开口的三角电压相近于 0。

三相断线的故障查找依据：第一，电源侧的各个相电压都不变，同时与发生故障前的相电压相等，负荷侧的各个相电压都降到 0。第二，电源侧跟负荷侧的零序电压都为 0。

这样依照已经检测到的故障点其两侧的相电压的值或者是开口的三角电压就能够对故障区进行查找，再结合故障测距仪可对故障点进行进一步定位。

对于配电线路单相断线故障区域判定方面，近年来部分新技术兴起。部分学者针对架空线辐射状的拓扑特点，利用故障分量法对单相断线故障的负序电压分布进行分析，提出基于负序电压幅值的单相断线判据，并结合负荷监测点到电源点的最小路径分析，提出了基于负荷监测仪的单相断线故障区域判定方法，该方法通过划定发生单相断线故障的可能区域和不可能区域，同时将这两个区域作差集运算，得出最小断线故障区域。

部分学者用梯形模糊数估计配变负荷变化情况，建立单相线路网络模型。当断线相电流减小幅度超过设定值以及满足电压条件时，开始对此单相线路进行电流计算，计算出某节点流出电流为零的可能性最大后，即可确定此节点与其后节点之间发生了断线故障。

（3）断线故障的处理与恢复。在查找和定位断线故障后，故障线路进行停电操作，对断线现场进行安全围栏保护，断线故障的处理与恢复流程图如图 3－44 所示。

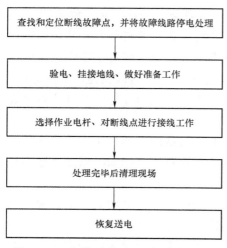

查找和定位断线故障点，并将故障线路停电处理

↓

验电、挂接地线、做好准备工作

↓

选择作业电杆、对断线点进行接线工作

↓

处理完毕后清理现场

↓

恢复送电

图 3-44　断线故障的处理与恢复流程

1）接到抢修命令到达现场后，在工作地段两端验电，并将影响施工的其他线路停电，验电挂接地线。

2）根据线路档距的长短和导线离地的情况，在断线点选择一基或者二基至三基导线落地后对交叉跨越物没有影响的直线杆作为更换断线的作业杆。然后在断线处不需要更换导线的一端杆上的导线上缠绕铝包带，用卡线器卡在缠绕过铝包带的导线上，并与钢丝绳、双钩紧线器及地锚连接，操作双钩使导线受力。

3）同时在作业杆的另一侧杆上用同样的方法做临时拉线。在安装临时拉线后及时校正倾斜杆塔。临时拉线做好后，在断线作业档距内将导线适当收紧，杆上作业人员在地面电工的配合下拆除针式绝缘子（或陶瓷横担）的扎线，用吊绳将导线放落地面。更换中线时，应将边线绝缘子扎线解除，将中线从边线绕过，用吊绳吊下地面。

4）地面作业人员应严格按压接工艺质量标准进行接续管接续工作，在离两断头 4～5m 处缠绕铝包带，用卡线器卡在缠绕铝包带的导线上，中间用钢丝绳、紧线器连接，操作紧线器使导线断头线相接。在接续管压接工作结束后，立即检测压接质量并做好记录，同时在接续管上打上操作人员标识号钢印。

5）在更换处理工作结束后，杆上电工在地面电工的配合下，将导线吊上针式绝缘子（或陶瓷横担）上，并在与针式绝缘子（或陶瓷横担）的接触处的导线上缠绕铝包带，将导线牢固地固定在绝缘子上。吊装中线时应从边线返回，并缠绕铝包带，最后用铝扎线将导线捆扎在针式绝缘子上。

6）处理结束后，认真检查工作质量，在确实无问题后，通知作业人员清理杆上工具材料，在清理工作结束后，工作负责人再次检查是否有遗留的工具、材料等，如果有，则应清除干净。

（4）断线故障的预防。

1）加强运维管理。以变电站为中心，划出雷害区、外力破坏区和设备易缺陷区等区域，有针对地进行预防和整改，对配网主设备进行寿命管理。

a）雷害区的配网线路。在雷害区采用多种防雷措施如长闪络避雷器、绝缘线路用防弧金具、瓷横担和复合材料横担等。

b）外力破坏区的配网线路。这类区域分布在道路走廊、居民住宅拆建工程、市政工程等附近。应在这些道路走廊和施工现场安放警戒设施，以提高人们的注意力。

　　c）树障多发区。对于密集植被、多雨雪地区，加强线路通道清理维护。

　　d）设备易缺陷区的配电线路。这类区域分布特征不是很明显，必须在多年的数据上进行分析总结，对这些设备进行追踪，进行全寿命周期设备管理。

　　2）完善防断线技术措施。

　　a）加装线路避雷器。根据配电线路的特点，可在绝缘子旁并联线路避雷器，使这类避雷器的冲击放电电压比绝缘子的低，当雷电过电压作用在线路上时，线路避雷器先于绝缘子动作，从而达到解决架空绝缘线路由于雷电引起工频短路而导致的断线问题。

　　b）绝缘线路用防弧金具。防弧金具和放电箱位绝缘子通过自身构成保护间隙、承受工频电弧弧根烧蚀，以达到保护绝缘导线免于电弧烧伤断线的目的。

　　c）采用瓷横担。瓷横担在配网线路中使用，其优势是毋庸置疑的：采用可转动结构，在断线时导线两端张力不平衡使瓷横担转动，从而有效地缓和断线事故的扩大；实心结构，不易击穿，不易老化，有较高的绝缘水平；线路结构简单，安装方便，易于清扫，自洁性好。

3.3.4　断线故障案例

　　断线故障案例见表 3-7、表 3-8。

表 3-7　　　　　　　　　　断　线　故　障　案　例　1

故障时间	2017 年 2 月 15 日，14:18:00		
故障类型	断线故障		
故障名称	南安公司福铁变电站 10kV 东旭线 616 线路 配网断线故障		
故障案例情况			
故障线路名称	10kV 东旭线 616 线路	故障线路类型	架空线路
中性点接地方式	中性点经消弧线圈接地	故障发生位置	10kV 东旭线五宅支线 6 号杆隔离开关负荷侧 C 相引线设备线夹处断线
故障现象	（1）福铁变电站 10kV 东旭线 616 线路过电流 II 段动作跳闸，重合闸成功，负荷由 119A 降为 78A； （2）10kV 东旭线 616 线路五宅支线 6 号杆故障指示器翻牌动作； （3）通过系统查看五宅支线上所有配变低压侧用电信息采集数据（1 相正常，另外 2 相相加等于正常值），可判断出缺相； （4）现场巡线，发现 10kV 东旭线五宅支线 6 号杆隔离开关负荷侧 C 相引线设备线夹处断线。 （5）分析：10kV 东旭线五宅支线 6 号杆引线发热烧断后引起弧光短路，造成站内断路器跳闸，重合闸成功后，缺相运行，造成负荷电流下降		

故障现象	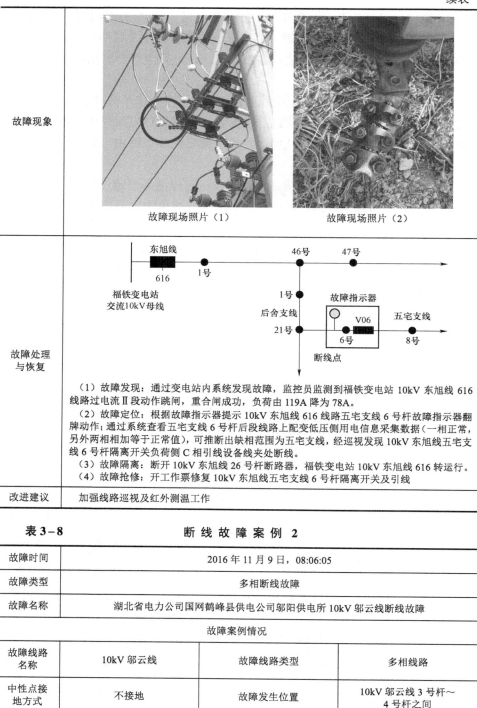

故障现场照片（1）　　　　　故障现场照片（2）

故障处理 与恢复	（1）故障发现：通过变电站内系统发现故障，监控员监测到福铁变电站 10kV 东旭线 616 线路过电流 Ⅱ 段动作跳闸，重合闸成功，负荷由 119A 降为 78A。 （2）故障定位：根据故障指示器提示 10kV 东旭线 616 线路五宅支线 6 号杆故障指示器翻牌动作；通过系统查看五宅支线 6 号杆后段线路上配变低压侧用电信息采集数据（一相正常，另外两相相加等于正常值），可推断出缺相范围为五宅支线，经巡视发现 10kV 东旭线五宅支线 6 号杆隔离开关负荷侧 C 相引线设备线夹处断线。 （3）故障隔离：断开 10kV 东旭线 26 号杆断路器，福铁变电站 10kV 东旭线 616 转运行。 （4）故障抢修：开工作票修复 10kV 东旭线五宅支线 6 号杆隔离开关及引线
改进建议	加强线路巡视及红外测温工作

表 3－8　　　　　　　　　断 线 故 障 案 例 2

故障时间	2016 年 11 月 9 日，08:06:05
故障类型	多相断线故障
故障名称	湖北省电力公司国网鹤峰县供电公司邬阳供电所 10kV 邬云线断线故障

故障案例情况

故障线路 名称	10kV 邬云线	故障线路类型	多相线路
中性点接 地方式	不接地	故障发生位置	10kV 邬云线 3 号杆～ 4 号杆之间

故障现象	11 月 09 日 08 时 06 分，接鹤峰县调控分中心通知，10kV 邬云线过电流 I 段保护动作跳闸，配电班迅速组织应急抢修值班人员对该线路进行巡线，巡视到 10kV 邬云线支政府分支线 3 号杆时，发现 10kV 邬云线支政府分支线 3 号杆，因倒树造成断杆、断线，是导致线路跳闸的主要原因。随即汇报领导及调度。 
故障处理与恢复	（1）故障发现：11 月 09 日 08 时 06 分，接鹤峰县调控分中心通知，10kV 邬云线过电流 I 段保护动作跳闸。 （2）故障定位：配电班迅速组织应急抢修值班人员对该线路进行巡线，巡视到 10kV 邬云线支政府分支线 3 号杆时，发现 10kV 邬云线支政府分支线 3 号杆，因树障倒树造成断杆、断线。 （3）故障抢修：发现故障后，立即组织人员勘查现场，在系统中开抢修票，经调度许可后开展抢修工作，抢修完毕后根据调度指令恢复送电
改进建议	（1）加强冰雪天气隐患排查巡视力度，做到早发现、早报告、早处理，杜绝灾害事故扩大及严重化。 （2）做好线路通道砍伐工作，避免因积雪倒树而导致的线路停电事故。 （3）加装故障指示器，提高故障查找效率。 （4）加强值班纪律，应急抢修人员必须保持通信 24h 畅通。抢修指挥人员反应要速度，增强整体快速应急能力，确保及时发现设备异常情况并迅速处理

小　结

目前，配电网的架空线路大多为裸导线，各类故障发生较为频繁，故障成因呈现多样化特点，由于缺乏有效技术手段，部分故障查找也较为困难。本章针对各类故障的成因、危害、处理流程及典型故障案例进行了归类和分析，依据不同的处理方式和方法，对各类故障的发现、查找、定位、处理与恢复的全过程进行了详细阐述，为一线运维人员了解常见故障类型成因和处理方法提供参考，指导开展故障原因分析并作相应的预防措施，从而提升一线运维人员的故障处理水平。

配电网架空线路故障由设备自身和外部因素引起，设备自身主要是由于设备安装不到位、设备老化、导线脱落和绝缘击穿等，外部因素主要是雷击、树枝和鸟类碰触、外物搭接以及自然灾害等。

配电网架空线路故障主要分为单相接地故障、短路故障和断线故障。依托配电网的改造与配电自动化系统的实施，馈线终端及故障指示器等配电自动化终端设备开始逐步应用于配电网架空线路故障的查找与定位，这些新型设备可以对检测到的告警信号初步判断故障大致位置，并通过通信系统将故障信号送到配电自动化系统的子站和主站。相较于人力巡线等传统的故障查找方式更节约人力物力，处理故障的效率也显著提升。

　　比起高效率地处理线路故障，有效的预防措施更能节约资源和成本。除了通过加强线路巡视、做好季节维护和设备改造等管理方式及时有效地遏制故障发生外，单相接地故障预防利用紫外线成像检测、红外热像技术检测等新技术探测设备潜在故障可能性，短路故障预防采用红外线测温仪测量导线连接器的温度避免高温熔断导线，断线故障利用防弧金具承受工频电弧弧根烧蚀，以达到保护绝缘导线免于电弧烧伤断线的目的。

配电网电缆线路故障定位及处理

　　配电网电缆线路故障是指电缆在预防性试验时发生绝缘击穿或在运行中因绝缘击穿、导线烧断、外力破坏等而迫使电缆线路停止供电的故障。电缆的故障类型很多，若按照故障性质来分，一般可以分为单相接地故障、相间故障、断线故障。

4.1　单相接地故障

4.1.1　单相接地故障类型

　　电缆单相接地故障是指电缆一芯主绝缘对地击穿故障。配电网电缆线路单相接地故障通常可分为低阻接地故障和高阻接地故障。电缆的高阻、低阻故障的确定是进行故障定位的前提，通常将绝缘故障电阻以几百欧为界限区分高阻、低阻故障。但是，在实际的定位过程中，所谓的电缆低阻、高阻故障的区分，不能简单地用某个具体的电阻值来界定，而应由所使用的电缆故障查找设备的灵敏度来确定，例如，低压脉冲设备理论上只能查找 100Ω 以下的电缆接地故障，而电缆故障探伤仪理论上可查找 $10\mathrm{k}\Omega$ 以下的单相接地故障。

4.1.2　单相接地故障原因与危害

4.1.2.1　单相接地故障产生的原因

　　电缆发生单相接地故障的原因可概括为外部原因和内部原因。其中，外部原因包括外力破坏、绝缘受潮腐蚀和过电压，内部原因包括绝缘老化和质量缺陷。

　　（1）外部原因。

　　1）外力破坏。电缆因外力破坏导致故障在日常工作和生活中较为常见，其故障形式比较容易识别，包括：机械破坏、自然破坏、电缆敷设不规范。

机械破坏。施工单位在靠近配网电缆路径附近施工前，未进行施工作业现场勘察，对下方管线敷设情况不清楚，违反相关规定要求，随意施工导致电缆线路某相损伤或挖断，造成单相接地。

自然破坏。在某些地形较为复杂的地区，由于气候恶劣、土地沉降、滑坡等自然灾害，引起电缆外皮损伤，破坏绝缘，从而导致单相接地故障。

电缆敷设施工不规范，电缆敷设过程中，由于牵引力过大、弯曲过度、超低温下的野蛮施工等，使得电缆外护套破裂，绝缘受损，成为故障隐患点。

2）接头制作工艺不良。制作接头时，导体连接管压接不良，打磨不平整，特别是在压接管口边缘处，有尖角、毛刺，造成接头内部电场分布不均匀，局部电场集中，对地放电，最终导致电缆单相击穿；在接头制作过程中，接头密封工艺不良，导致密封失效，造成"先天性"缺陷，在运行中有可能因受潮而导致单相对地放电。

3）绝缘受潮腐蚀。绝缘受潮一般可在绝缘电阻和直流耐压试验中发现，表现为绝缘电阻降低，泄漏电流增大。电缆外护层有孔或者裂纹、电缆护套被异物刺穿或被腐蚀穿孔时，极易使电缆受潮，受潮后，电缆绝缘水平降低，长期运行过程中容易在受潮位置发生单相击穿，甚至引发相间故障；电缆敷设路径周围常因下雨、渗水等原因形成水沟或者造成电缆井内积水，电缆在水中长时间浸泡，绝缘水平降低，引发故障；电缆绝缘长期处于酸碱领域的不良化学环境中工作，使得电缆的铠装、铅片或外护套遭受化学物质侵蚀或者电腐蚀，破坏电缆的保护层，使绝缘降低，长期运行容易造成单相击穿。

4）过电压。当电缆某一相存在较为严重的绝缘缺陷时，如果遭受过电压，容易造成该相对地击穿。电缆因过电压而导致击穿的部位通常是绝缘存在缺陷的地方，如绝缘层内含有气泡、杂质或绝缘油干枯，电缆内屏蔽层上有结疤或遗漏，电缆绝缘已严重老化的地方。

（2）内部因素。

1）绝缘老化。电缆绝缘长期在电和热的双重作用下运行，其物理性能将发生变化，导致绝缘强度降低或介质损耗增大，最终引起绝缘损坏，发生单相击穿故障。这类故障大多发生在运行日久的老电缆或长期过电压、过电流和超过允许工作温度运行的电缆上。

2）本身质量缺陷。

由于电缆的质量缺陷，导致电缆容易受潮、老化，正常的绝缘结构遭到破坏，最终引发单相接地故障。质量缺陷分为电缆本体质量缺陷和电缆附件质量缺陷，其中，电缆本体质量缺陷包括橡塑绝缘电缆主绝缘层偏芯、绝缘材质内含水泡和杂质、内半导电层出现结疤、电缆外层防水不严密、机械强度差；电缆附件质量缺陷包括接头铸铁件有沙眼、组装部位加工粗糙、防水胶圈规格不符或老化、热胀或冷缩电缆接头质量缺陷、附件内部密封性差、绝缘胶配比不符合要求、预制电缆接头质量缺陷等。另外，电缆产品设计时材料选用不当、运输贮藏时封闭不严而受潮、出厂接头工艺粗糙都会造成电缆的单相接地故障。

4.1.2.2 单相接地故障的危害

（1）10kV 配电电缆线路发生单相接地故障后，非故障相电压会升高，由于电缆固体绝缘击穿的积累效应，在过电压的持续作用下，造成电气绝缘的积累性损伤，在非故障相的绝缘薄弱环节造成对地击穿，进而发展成为相间短路事故。

（2）若电缆发生间歇性弧光接地故障，由于不稳定的间歇性电弧多次不断熄灭和重燃，在故障相和非故障相的电感电容回路上会引起高频振荡过电压，非故障相的过电压幅值一般可达 3.15～3.5 倍相电压。过电压还会使电压互感器饱和而容易激发铁磁谐振，产生过电压或导致电压互感器爆炸事故。

（3）对于小电流接地系统，接地故障时流过故障点的故障电流等于非故障对地电容电流之和。电缆线路的电容电流比架空线路电容电流大十几倍，较大的电容电流使接地点的电弧不能自行熄灭，使弧光接地过电压的危害进一步扩大。此外，电缆线路较大的电容电流使接地点热效应增大，对电缆等设备造成热破坏，该电流流入大地后由于接地电阻的原因，使整个接地网电压升高，危害人身安全。

4.1.3 故障处理流程

电缆单相接地故障处理流程一般包括故障发现与隔离、故障定位和故障修复。其中故障发现与隔离包括告警、选线、故障隔离与恢复，故障定位包括故障性质确定、故障预定位、电缆路径查找、故障精确定点。具体流程图如图 4-1 所示。

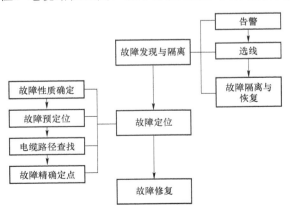

图 4-1　电缆单相接地故障处理流程图

4.1.3.1 故障发现与隔离

（1）告警。

1）基于传统站内信号告警。对于小电流接地系统，当 10kV 配电电缆线路发生单相接地故障后，变电站 10kV 母线上的电压互感器在开口三角形上检测到零序电压，该零序电压值大于报警启动门槛值，监测装置会发出 $3U_0$ 告警信号。

对于小电阻接地系统，一般均为纯电缆线路，单相接地故障后，变电站内出线零序电流保护动作，开关跳闸，发出告警。目前大部分地区纯电缆线路是不投入重合闸的，故障跳闸后，直接展开故障查找；而有些地区纯电缆线路是投入重合闸的，故障跳闸后，重合闸重合，如果是瞬时性故障，继续运行，如果是永久性故障，开关再次跳闸。

2）基于现代配电自动化系统的接地告警。以往的配电自动化终端和故障指示器是无法识别小电流接地系统的单相接地故障，随着科技的发展，具备单相接地故障识别的终端和故障指示器正在推广使用。例如暂态录波型故障指示器，它通过录取配电线路模拟量波形，合成获取暂态零序电流、电场信号，可实现接地故障的检测、区段定位，同时可将故障时刻采集单元录波波形上传至主站系统，用于线路故障分析、反演及溯源。

（2）选线。中性点不接地和消弧线圈接地系统，线路发生永久性单相接地故障后，宜按快速就近隔离故障原则进行处理。由于站内开关不会动作切除故障线路，变电站运维人员需要利用拉闸试停、选线装置、配电自动化系统等方式快速查找故障线路并切除，如图 4-2 所示。对于小电阻接地系统，单相接地故障发生后，线路开关直接将故障线路切除，无需额外的选线方式。

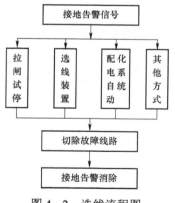

图 4-2 选线流程图

（3）故障隔离与恢复。根据 10kV 电缆故障信息，利用巡视手段（发现明显的外力破坏或者接收到群众上报）、配电自动化系统、分段试送的方法对故障点位置进行初步判断，确定故障区段。目前单相接地故障区段定位仍较多采用分段试送方法，该方法准确度相对较高，但是分段试送方法对设备影响较大，甚至可能会在试送过程中对其他部分绝缘造成损坏，引发相间接地短路故障。随着配电自动化系统中单相接地故障的识别、判定、定位功能的完善，配电自动化系统的单相接地故障定位将更加方便、快捷、可靠。区段定位方法对比如表 4-1 所示。

表 4-1   区 段 定 位 方 法 对 比

区段定位方法	优 点	缺 点
巡视法	传统方法，直接简单，不需要依赖于其他辅助设备	需要大量人力物力，耗时长，对于不明显的接地故障很难发现，效率极低
分段试送	区段定位准确，直接简单，不需要依赖于其他辅助设备	对于分支较多、结构复杂的配网线路需要时间较长；试送过程中会对用户供电造成多次停电，影响可靠性；对一次设备造成冲击并损坏，甚至引发相间故障
配电自动化系统定位	区段定位速度快，不会对用户和设备造成影响，无需额外的人力物力，计算机系统自行判定	一次性投资大，依赖于配电自动化主站故障分析程序较高；对终端信号采集的准确性、通信的可靠性、信息上传的实时性要求较高

4.1.3.2 故障定位

对于电缆线路，一般采用直埋或者电缆井敷设的方式，故障不能直观地看到，所以开展故障点的定位是电缆故障处理的难点。电缆的故障定位通常分为故障性质的确定、故障预定位、电缆路径查找、故障精确定点四个过程。目前，国内外各公司、各种电缆故障定位技术都在这 4 个环节以内，电缆故障定位原理自有电缆运行以来，方法依旧，而面目日新，电缆故障定位是理论与实践深度融合的学科，唯有在实践中才能掌握。

（1）故障性质的确定。电缆故障性质和相别的判定是定位测试方法选择的参考，以此为判断电缆是否存在接地、断线、短路等故障的依据，此外，电缆故障属性的判定结果也可以用来判断电缆是否存在单相、两相、三相故障，是否出现低阻、高阻故障。缺乏目的的盲目测量不仅不能有效测出电缆线路的故障位置，反而会增加不必要的工作量，延长故障问题定位时间，对相关测试仪器也会造成损坏。

确定电缆故障性质，一般应用绝缘电阻表和万用表进行测量并做好记录。通常将出现故障问题的电缆两端三相开口，用绝缘电阻表分别测量 A 对地、B 对地、C 对地绝缘电阻值，以判断是否为单相接地故障，如图 4-3 所示。如果绝缘电阻表测得的电阻为零，则应用万用表测出各相对地的绝缘电阻；如果绝缘电阻测得的绝缘电阻值都很高，无法确定故障相，应对电缆进行直流电压试验，以判断电缆是否存在接地故障并确定故障相。

图 4-3 电缆绝缘电阻测试接线

（2）故障预定位。确定故障区段后，判别出故障相别及故障性质，选择适当的测试方法测出故障点到测试端或末端的距离，称之为粗测，即预定位。粗测是电缆故障测试过程中最重要的一步，它将决定着整个电缆故障定位测试的整个过程效率及准确性，因此要求具有相当专业技术基础理论和丰富实践经验的人员来进行操作。对于电缆单相接地故障，常采用的初测方法有电桥法和脉冲法，其中，脉冲法有包括：低压脉冲法、闪络法、二次脉冲法。电桥法、低压脉冲法适用于低阻单相接地故障，闪络法、二次脉冲法适用于高阻单相接地故障。

1）电桥法。电桥法测量电缆故障是测试方法中最早的一种，目前仍在广泛使用。尤其在较短的电缆的故障测试中，其准确度仍是较高的。测试精度除与仪器精度等级有关外，还与测量的接线方法和被测电缆的原始数据正确与否有很大关系。电桥法适用于低阻单相接地和两相短路故障的测量。试验接线如图 4-4 所示。

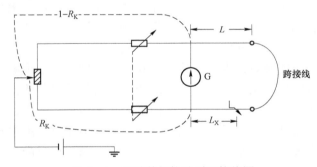

图 4-4　测试单相接地原理接线图

当电桥平衡时，有

$$\frac{1-R_K}{R_K}=\frac{2L-L_X}{L_X} \tag{4-1}$$

可得

$$L_X = R_K \times 2L \tag{4-2}$$

式中　　L_X——测量端至故障点的距离，m；

R_K——电桥读数；

L——电缆全长，m。

2）低压脉冲法。在测试时，从测试端向电缆中输入一个低压脉冲信号，该脉冲信号沿着电缆传播，当遇到电缆线路中的波阻抗不匹配点时，例如，电缆断线故障点、低阻短路故障点、电缆接头和电缆终端头等均会产生波反射，如

图 4-5、图 4-6 所示。反射波则传回测试端，被仪器记录下来。假设从仪器发射出发射脉冲到仪器接收到反射脉冲的时间差为 Δt，同时如果已知脉冲电磁波在电缆中传播的速度是 v，那么根据公式：$L=v\Delta t/2$ 即可计算出阻抗不匹配点距测 t 端的距离 L 的数值。

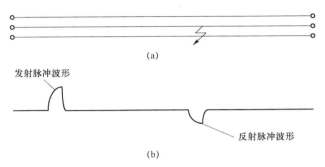

图 4-5 低阻接地或短路故障波形
（a）故障电缆；（b）波形

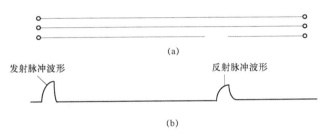

图 4-6 断线故障反射波形
（a）故障电缆；（b）波形

由图 4-5 和图 4-6 可知，低阻接地故障波形与相间故障的反射脉冲与发射脉冲极性相反，开路故障的反射脉冲与发送脉冲极性相同。当电缆发生近距离短路或低阻接地故障时，若仪器选择的测量范围为几倍的故障距离，示波器就会显示多次反射波形，其中第一、三等奇数次反射脉冲的极性与发射脉冲相反，而二、四等偶数次反射脉冲的极性则与发射脉冲相同，如图 4-7 所示；当电缆近距离发生断线故障时，则多次的反射脉冲波形和发射脉冲相同，如图 4-8 所示。图 4-9 为典型的低压脉冲反射波形。

低压脉冲法主要用于测量低阻接地故障、电缆断线、短路故障的距离，还可以用于测量电缆的长度、波速度、和识别定位电缆的中间头、T 型接头与终端头等。

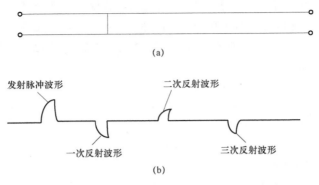

(a)

(b)

图 4-7 低阻接地故障或短路的波形多次反射
(a) 故障电缆；(b) 波形

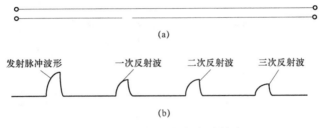

(a)

(b)

图 4-8 断线故障的多次反射波形
(a) 故障电缆；(b) 波形

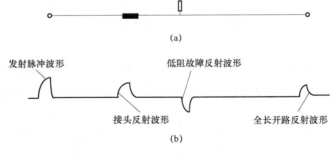

(a)

(b)

图 4-9 典型的低压脉冲反射波形
(a) 故障电缆；(b) 波形

3）闪络法。闪络法的基本原理和低压脉冲法相似，也是利用电波在电缆内传播时在故障点产生反射的原理，记录下电波在故障电缆测试端和故障之间往返一次的时间，再根据波速来计算电缆故障点位置。由于电缆的故障电阻很高，低压脉冲不可能在故障点产生反射，因此在电缆上加一直流高压（或冲击高压），使故障点放电而形成一突跳电压波。此突跳电压波在电缆测试端和故障点之间来回反射，利用测试仪记录下两次反射波之间的时间，用 $L = v\Delta t / 2$ 计算故障点位置。按照在故障电缆上施加电压性质的不同，可将闪络法分为直流高压闪络法和冲击高压闪络法。

直流高压闪络法（简称直闪法），这种方法能够测量闪络性故障及一切在直流电压下能产生突然放电（闪络）的故障，如图 4-10 所示。在电缆的一端加上直流高压，当电压达到某一值时，电缆被击穿而形成短路电弧，使故障点电压瞬间突变到零，产生一个与所加直流负高压极性相反的正突变电压波，此突变电压波在测试端和故障点间来回传播反射，可以获取波形计算故障距离。当出现闪络性故障时，尽量采用此方法。

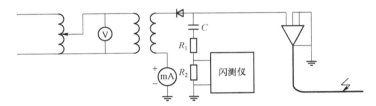

图 4-10　直流高压闪络法接线图

冲击高压闪络法（简称冲闪法）。这种方法用于高阻接地或短路故障，接线如图 4-11 所示。用高压直流设备向储能电容器充电，当电容器充电到一定电压（此电压由放电间隙的距离决定）后，间隙击穿放电，向故障电缆加一冲击高压脉冲，使故障点放电，电弧短路，把所加高压脉冲电压波反射回来。此电波在故障点和测试端之间来回反射，从而可以测得故障位置。

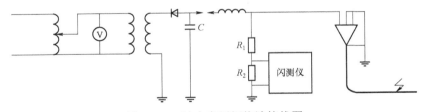

图 4-11　冲击高压闪络法接线图

4）二次脉冲法。二次脉冲法是近几年来出现的比较先进的一种测试方法，是基于低压脉冲波形容易分析、测试精度高的情况下开发的一种新的测距方法。其基本原理是：通过高压发生器给存在高阻或者闪络性故障的电缆施加高压脉冲，使故障点出现弧光放电。由于弧光电阻很小，在燃弧期间，原本高阻或者闪络性的故障就变成了低阻短路故障。此时通过耦合装置向故障电缆中注入一个低压脉冲信号，记录下此时的低压脉冲反射波形（称为带电弧波形），则可明显地观察到故障点的低阻反射脉冲；在故障电弧熄灭后，再向故障电缆注入一个低压脉冲信号，记录下此时的低压脉冲波形（称为无电弧波形），此时因故障电阻恢复为高阻，低压脉冲在故障点没有反射或反射很小。把带电弧波形和无电弧波形进行比较，两个波形在相应的故障点位上明显不同，波形的明显分歧点离测试端的距离就是故障距离。

需要注意的是，对于故障位置的粗测所给出的数值并不精确，原因在于被测电缆地下长度以及预留长度无法作精确估计，因此，测出的结果仅可作为电缆故障点的大致范围。

（3）电缆路径查找。首先应准备好故障电缆的基础资料，包括 10kV 电缆线路图、电缆长度值、电缆铺设的路径走向图、电缆中间接头位置、电缆井的位置、电缆制品出厂相关资料。

1）对于不同故障性质的配网电缆，故障路径的查找方法基本相同。对于直接埋设在地下的电缆，需要我们找出电缆线路的实际走向，即为探测路径，电缆路径的探测一般采用音频感应法，即向被测电缆中加入特定频率的电流信号，在电缆周围接收该电流信号产生的磁场信号，然后通过磁电转换，转换为人们容易识别的音频信号，从而探测出电缆路径，音频感应法分为音谷法、音峰法、极大值法。

音谷法，给被测电缆加入音频信号，当感应线圈轴线垂直于地面时，在电缆的正上方线圈中穿过的磁力线最少，线圈中感应电动势也最小，通过耳机听到的音频声音也最小；线圈往左右方向移动时音频声音增强，当移动到某一距离时，响声最大，再往远处移动，响声又逐渐减弱。在电缆附近声音强度与位置关系形成一马鞍形曲线，如图 4-12 所示，曲线谷点所对应的线圈位置就是电缆的正上方，这就是音谷法查找电缆路径。

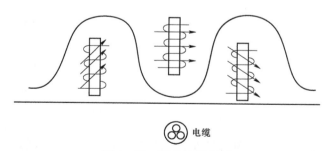

⊛ 电缆

图 4-12　音谷法原理图

音峰法。音峰法与音谷法原理一样，当感应线圈平行于地面时（要垂直于电缆走向），在电缆的正上方线圈中穿过的磁力线最多。线圈中感应电动势也最大，通过耳机听到的音频声音也最大；线圈往左右方向移动时音频声音减弱，声音最强的最下方就是电缆，如图 4-13 所示。

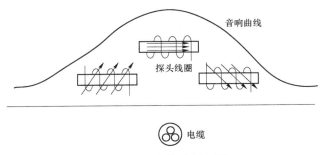

图 4-13　音峰法原理图

极大值法。当用两个感应线圈，一个垂直于地面，一个水平于地面。将垂直线圈的负极性与水平线圈的感应电动势叠加，在电缆的正上方线圈中穿过的线圈最多，线圈中感应电动势也最大，通过耳机听到的音频声音也就最强，线圈往电缆左右方向移动时，音频声音骤然减弱。由此可以判断，音频声音最大的下方就是电缆。

2）对于在电缆沟、隧道等处的明敷电缆，则需要我们从许多电缆中选出故障电缆，即鉴别电缆。在几条并列敷设的电缆中正确判断出已停电的需要检修的电缆线路，首先应核对电缆路径图。通常根据路径图上电缆和接头所标注的尺寸，实地进行测量，与图纸核对，即可初步判断需要检修的电缆，对电缆线路做出准确鉴别，常采用的方法有工频感应鉴别法和脉冲信号法。

工频感应鉴别法，也叫感应线圈法，当绕制在开口铁芯上的感应线圈贴在电缆外皮时，其线圈中将产生交流电信号，接通耳机则可以听到，且沿电缆移动线圈，可听出电缆线芯的节距。若将电缆贴在待检修的停运电缆外皮上，由于其导体中没有电流流过，因而听不到声音。而将电缆线圈贴在邻近运行的电缆外皮上，则从耳机上能听到交流电信号。这种方法操作简单，缺点是只能区分出停电电缆，如果并列电缆条数较多时，由于相邻电缆之间的工频信号相互感应，会使信号强度难以区分。

脉冲信号法所用设备有脉冲信号发生器、感应夹钳及识别接收器。脉冲信号发生器发射锯齿形脉冲电流至电缆，这个脉冲电流在被测电缆周围产生脉冲磁场，通过夹在电缆上的夹钳感应获取，传输到识别接收器，识别接收器可以显示出脉冲的幅值和方向，从而确定被选电缆。

（4）故障精确定点。精确定点是电缆故障定位工作至关重要的一步。因为粗测出的距离有一定的误差，故障距离的丈量也有一定的误差，因此在精确定位前，我们只能判断出故障点所在的大致位置，必须经过精确定位才能发现故障点。电缆故障的定位依据电缆敷设方式的不同其方法和难度各有不同。隧道内敷设的电缆查找相对简单，一般采用声测法即可发现故障点；采用直埋方式的电缆定位，由于周围环境因素复杂，如震动噪声过大、电缆埋设深度过深等，定位查找难度较大，成为快速找到故障点的主要矛盾，常采用的定点方法有声测法、声磁同步法、音频信号法和跨步电压法。

声测法。声测法分为直流脉冲声测法和冲击放电声测法。直流脉冲声测法常用于隧道内的电缆故障定位，该方法将高压直流脉冲加至故障电缆，故障点会产生击穿放电，由于电缆隧道内声音干扰小，用人耳的听觉便可区分出放电声波的强弱，从而确定故障点。冲击放电声测法是利用直流高压试验设备向电容器充电、储能，当电压达到某一数值时，球间隙击穿，高压试验设备和球间隙上的能量向电缆故障点放电，产生机械振动声波，用人耳的听觉予以区别，如图 4-14 所示。声波的强弱，决定于击穿放电时的能量。能量较大的放电，可以在地泵表面识别，能量小的就需要用灵敏度较高的拾音器（或听棒）沿初测确定的范围加以辨认。

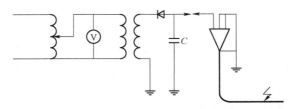

图 4-14　冲击放电声测法原理图

声磁同步法。声磁同步法在电缆故障定位中应用较多，其基本原理是向电缆施加冲击电流高压使故障点放电，在放电瞬间电缆金属护套与大地构成的回路中形成感应环流，从而在电缆周围产生脉冲磁场。应用感应接受仪器接收脉冲磁场信号和从故障点发出的放电信号，仪器根据探头检测到声、磁两种信号时间间隔为最小的点即为故障点。声磁同步法抗振动噪声干扰的能力，通过检测接收到的磁声信号的时间差，可以估计故障点距离探头的位置，通过比较在电缆两侧接收到脉冲磁场的初始极性，进行精确定位。也可以在进行故障点定位的同时寻找电缆路径。采用这种方法的最大优点是，在故障点放电时，仪器有一个明显的指示，从而易于排除干扰，同时这种方法定点的精度较高，信号易于理解、辨识。图 4-15 为声磁同步法设备。

图 4-15　声磁同步法设备

音频信号法。主要用于查找金属性短路故障，在发生金属性短路的两者之间加入音频电流信号后，音频信号接收器在故障点正上方接收到的信号会突然增强，过了故障点后音频信号会明显减弱或者消失，用这种方法可以找到故障点。图4-16为音频信号法设备。

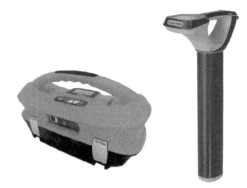

图4-16　音频信号法设备

跨步电压法。通过向故障相和大地之间加入一个直流高压脉冲信号，在故障点附近用电压表检测放电时两点间跨步电压变化的大小和方向，来确定故障点，如图4-17、图4-18所示。

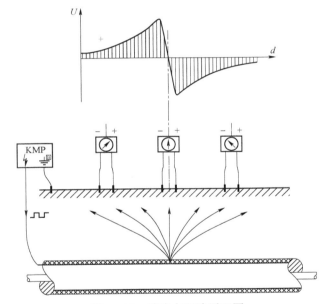

图4-17　跨步电压法原理图

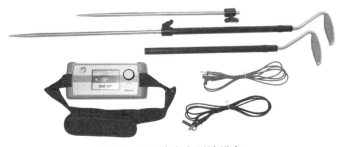

图4-18　跨步电压法设备

这种方法的优点是可以指示故障点的方向，对测试人员的指导性较强。但此方法只能查找直埋电缆外皮破坏的开放性故障，不适用于查找封闭性的故障或者非直埋电缆的故障。

4.1.3.3 故障修复

检修人员在找到故障点后，即可开展故障修复工作。电缆的故障修复对施工人员技术水平要求较高，施工工艺稍有疏忽，修复点就会成为潜在的隐患部位，所以在修复过程中，要严控质量关。

4.1.4 单相接地故障案例

电缆单相接地故障案例见表4-2～表4-5。

表4-2 　　　　　　　　　　电缆单相接地故障案例1

故障时间	2016年10月2日		
故障类型	单相接地故障		
故障名称	泉州公司110kV上浦变电站10kV联邦线单相接地故障		
故障案例情况			
故障线路名称	110kV上浦变电站10kV联邦线	故障线路类型	电缆线路
中性点接地方式	中性点经消弧线圈接地	故障发生位置	联邦线6号环网柜至联邦线7号环网柜的电缆接头
故障现象	（1）上浦变电站10kV Ⅲ段母线B相接地告警； （2）三相电压分别为U_a=9.89kV、U_b=1.29kV、U_c=9.88kV； （3）零序电压$3U_0$=12kV； （4）故障线路接线如下图所示。 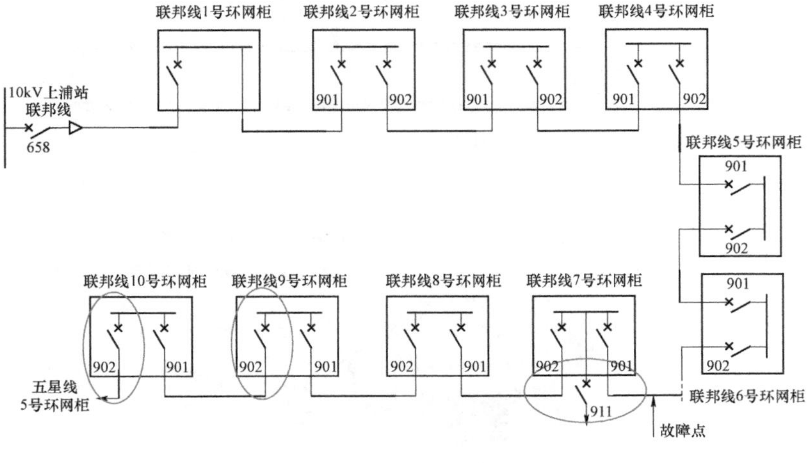 		

故障处理 与恢复	（1）故障发现与隔离。 1）告警。上浦变电站 10kV Ⅲ段母线 B 相接地告警，选线装置报 10kV 联邦线 658 线路单相接地故障。 2）选线。按照选线装置指示，拉开联邦线 658 线路断路器后，接地信号消失，选线装置判定正确，确定故障线路为联邦线 658 线。 3）故障隔离与恢复。采用二遥故障指示器定位故障区段，但此次二遥故障指示器未能正确动作，10kV 联邦线 7 号环网柜 911 负荷断路器、10kV 联邦线 9 号环网柜分段 902 负荷断路器、10kV 联邦线 10 号环网柜 902 负荷断路器（联邦线－五星线联络）接地指示误动作，误动断路器的动作是由接地造成的并联谐振引起，但现有二遥故障指示器接地判据只采用接地电流突变这一条件（接地电流突变即翻牌），无法区分谐振与接地两种情况，建议增加区分谐振与接地的判据。由于二遥故指未能正确动作，采取分段试送，分段试送后，确定 10kV 联邦线 6 号环网柜至 10kV 联邦线 7 号环网柜之间电缆有接地故障。 确定故障区段后，10kV 联邦线 6 号环网柜联邦线 6 号环网柜分段 902 线路由冷备用转检修，10kV 联邦线 7 号环网柜进线 901 线路由冷备用转检修，隔离故障区段；10kV 联邦线 7 号环网柜后段负荷转由五星线转供电，实现对下游负荷的转供。 （2）故障定位。经现场勘查，故障电缆区段位于电缆隧道中，巡视人员按照电缆线路图确定电缆中间接头位置，并首先对该处电缆进行排查（对于现场巡视，一般先对电缆接头处进行查找，因为接头处发生故障概率较大），发现故障电缆区段中间接头处有明显烧毁现象，立刻组织抢修人员展开抢修。现场故障图如下。  （3）故障修复。对故障电缆进行应急处置后，经试验检测合格后，恢复送电
故障原因 分析	经分析逐一排除其他原因，10kV 联邦线 6 号环网柜至 10kV 联邦线 7 号环网柜之间电缆中间接头故障原因如下： （1）电缆敷设施工不规范。在接头的施工安装过程中，工人操作的随意性较大，多处工艺不符合安装工艺文件的要求，对防水处理等类似关键工序处理不良，导致密封失效，安装方式严重违反安装工艺要求。 （2）绝缘受潮。经现场查看，电缆中间头周围因下雨、渗水等原因造成电缆井内积水，电缆中间头在水中长时间浸泡，绝缘水平降低，引发故障
改进建议	（1）施工方须严格按照安装工艺进行接头操作，严禁在接头制作过程中随意更改操作方式，严格控制施工质量，加强人员技能培训，提高技术水平，保障工程安全投运并稳定运行。 （2）运维单位应加强运行维护工作，加强对电缆周围环境状况的巡视，及时对管井或沟道进行排水处理，不允许随意占压接头，防止接头长期弯曲运行，改善接头的运行环境。 （3）对现场安装完成后的接头类设备加强竣工试验及施工验收工作，安装后及运行中的设备，必要时可利用检测手段加强设备的定期试验检测。 （4）由于电缆接头类设备都具有现场制作或安装的特点，不同于其他设备，其他设备在接入电网的施工过程中不对设备内部结构进行调整，而接头类设备的内部组件基本都是在施工现场安装完成。因此在必要时可考虑对电缆接头类设备做入网检测，以便考察接头产品质量的同时考察接头工人技能水平。 （5）加强接头安装记录的管理工作，采取多样的接头记录手段进行全过程的监控，在必要时进行接头安装的工艺复现，以利于公司对电缆接头工人的技能水平的评估，及对接头施工队伍管理水平的提升

表 4-3	电缆单相接地故障案例 2		
故障时间	2016 年 10 月 13 日，16:15		
故障类型	单相接地故障		
故障案例情况			
故障线路名称	蓬莱变电站 10kV 岭东线 656 线路	故障线路类型	混合线路
中性点接地方式	中性点经消弧线圈方式	故障发生位置	岭东线 656 断路器出线电缆
故障现象	(1) 蓬莱变电站 10kV 岭东线 656 过电流 II 段动作跳闸； (2) 查无异常后试送，蓬莱变电站 10kV 母线 A 相接地报警； (3) 三相电压分别为 U_a=1.4kV，U_b=10.5kV，U_c=10.3kV； (3) 零序电压 $3U_0$=9.3kV； (4) 故障线路接线如图所示。 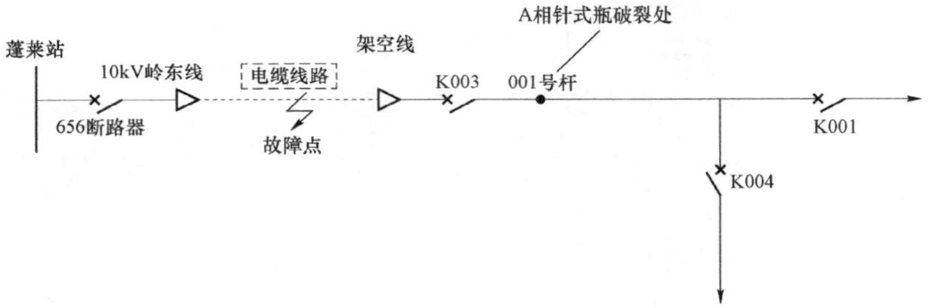 		
故障处理与恢复	(1) 故障发现与隔离。 1) 告警。蓬莱变电站 10kV 岭东线 656 过电流 II 段动作跳闸，查无异常后试送，蓬莱变电站 10kV 母线 A 相接地报警。 2) 选线。蓬莱变电站 10kV 岭东线 656 过电流 II 段动作跳闸，试送后蓬莱变电站 10kV 母线 A 相接地告警，将蓬莱变电站 10kV 岭东线 656 断路器由运行转热备用，接地现象消失，确定故障线路为岭东线，通知辖区变电所人员进行巡视。 3) 故障隔离与恢复。10kV 岭东 656 线鸿福支线 3 号杆 K004 断路器由运行转热备用，10kV 岭东 656 线 14 号甲杆 K001 断路器由运行转热备用，遥控蓬莱变电站 10kV 岭东 656 线断路器由热备用转运行又出现 10kV 母线 A 相接地告警。 蓬莱变电站 10kV 岭东线 656 断路器由运行转热备用，接地现象消失。巡视发现 35kV 蓬莱变电站 10kV 岭东 656 线 001 号杆杆上 A 相针式绝缘子破裂，更换破裂针式瓶，申请送电，10kV 母线 A 相接地依旧存在。 10kV 岭东 656 线 000 号甲杆 K003 断路器转冷备用，蓬莱变电站 10kV 岭东线 656 断路器由热备用转运行，试送后出现 A 相接地告警仍存在。初步推断岭东线 656 断路器出线电缆发生单相接地，计划开展试验检测。 656 断路器由运行转检修，隔离故障区段。非故障区域负荷转移。 (2) 故障定位。将故障区段电缆两端拆下后，对故障电缆进行绝缘电阻测试，发现电缆 A 相对地绝缘降低，结合告警信息综合判定 A 相电缆发生高阻接地故障。经巡视，未发现明显故障点，工作人员随即展开故障定位。经粗测、路径探测、精确定位后，发现故障点，现场如图所示。		

故障处理 与恢复	 （3）故障修复。对故障电缆进行应急抢修后，申请试送，送电后线路恢复正常
故障原因	（1）化学腐蚀。从现场图片中可以发现，电缆敷设地点长期处于酸碱领域的不良化学环境中工作，使得电缆的铠装和外护套遭受化学物质侵蚀或者电腐蚀，破坏电缆的保护层和绝缘层，使绝缘水平降低，成为故障隐患点，容易发生击穿故障。 （2）雷击过电压。从 656 线 001 号杆上 A 相针式绝缘子破裂情况查看，很有可能是雷击所致，雷击过电压直接导致电缆绝缘薄弱环节击穿，造成单相接地故障
改进建议	（1）严抓配电网设备质量。配网避雷器数量较多，质量较差，在雷击过电压的时候很难起到引流降压的作用，常导致其他配电设备击穿损坏，所以有必要加强对配网避雷器的入网检测和定期预防性试验，发现问题及时处理。 （2）运行部门做好电缆线路的定期运行维护和检查工作，采取切实有效的措施，做好电缆及其附件绝缘监督工作，定期做好电缆停电预防性试验及维护，加强监督，使电缆绝缘薄弱环节在试验中能够及时发现。 （3）在设计电缆线路时，应作充分调查，收集线路经过地区的土壤资料，进行化学分析，确定土壤腐蚀程度，以采取防腐措施，如用中性土壤作电缆铺垫和敷盖或用沥青涂刷电缆外皮、硫化电缆外皮等。在电缆线路保护区内，严禁倾倒酸、碱、盐及其他有害化学物品。 （4）定期对电缆线路上的土壤作化学分析，并有专档记录腐蚀物及土壤等的化学分析资料

表 4－4   **电缆单相接地故障案例 3**

故障时间	2015 年 4 月 16 日，3:58
故障类型	单相接地故障
故障名称	石家庄公司红光站 763 华井线单相接地故障

故障案例情况

故障线路 名称	110kV 红光站 10kV 华井线	故障线路类型	混合线路
中性点接 地方式	中性点经消弧线圈方式	故障发生位置	华井线 542 号开闭所 102 断路器至 965 号开闭所 201 断路器之间电缆
故障现象	（1）红光站 10kV 母线 C 相接地告警； （2）三相电压分别为 U_a=10.47kV，U_b=10.41kV，U_c=0kV； （3）零序电压 $3U_0$=10.44kV； （4）故障线路接线如图所示		

故障现象	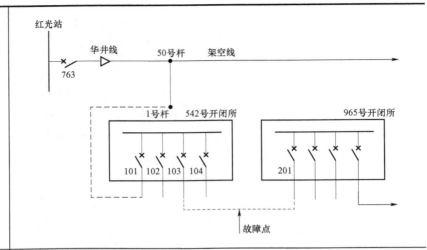
故障处理 与恢复	（1）故障发现与隔离。 1）告警。2015年4月16日3时58分红光站10kV母线C相接地告警； 2）选线。采用试拉的方式，确定故障线路为红光站763华井线，4时33分班组人员接到巡线通知，随即组织人员开展巡线工作。 3）故障隔离与恢复。6时20分巡视人员巡视到542号开闭所，发现丰收路50号杆分支1号杆连接至542号开闭所101断路器电缆，其杆上故障指示器未动作，542号开闭所101断路器未安装故障指示器，断路器为跳闸状态；542号开闭所103断路器故障指示器C相动作，断路器未跳闸；542号开闭所102、104断路器为空间隔。然后向下级的965号开闭所进行巡视，965号开闭所没有任何跳闸或者故障指示器动作的情况。同时，巡视人员发现542号开闭所103断路器至965号开闭所201断路器之间电缆路径上有作业施工现场，巡视人员初步确定该区段为电缆故障区段。 7时47分，确定该电缆故障区段后，随即向调度提出该段电缆的停电申请，准备对其进行测试。 542号开闭所103断路器、965号开闭所201断路器均由运行转检修，隔离故障区段。非故障区域负荷转移。 （2）故障定位。在11时41分将故障电缆两端拆下，随即使用兆欧表做导通并且遥测绝缘，A、B、C三相绝缘阻值分别为：110GΩ，130GΩ，0Ω。确认该电缆为故障电缆，C相发生单相接地故障。经电缆定位装置定位后，发现故障点，现场如图所示。  （3）故障修复。抢修人员使用安全裁刀对电缆进行裁断，随即开展接头制作工作，16时26分电缆接头制作完毕。随即对其作耐压试验，耐压17kV，泄漏电流A、B、C三相分别为27、21、38μA。17时22分将电缆恢复完毕，并且向调度汇报竣工，恢复送电。送电后线路恢复正常

故障原因	外力破坏。从现场的图片可直观发现，施工现场的机械设备破坏电缆的保护层与绝缘层是导致本次事故的直接原因。施工单位在靠近配电电缆路径附近施工前，未进行施工作业现场勘察，对下方管线敷设情况不清楚，违反相关规定要求，随意施工导致电缆线路被损伤或挖断
改进建议	（1）加强保护电力设施的宣传力度，加强电力设备受到破坏后对人身安全产生威胁的教育活动。 （2）需要做好电缆线路的防护准备，发现故障问题及时处理。由于电缆线路一般被铺设在地下，因此，需要在地面设立健全的路径走向的相关标注，如路径标志、警示标志、保护宣传标语。 （3）强化防外破巡视，建立市区施工地点台账，及时通知施工单位施工区域下方电缆路径，避免电缆受到损失。 （4）联合当地有关部门，及时了解电缆路径周边的道路施工作业，对施工企业进行电缆路径以及保护管线措施的交底，并有针对性的加强施工作业的巡视，另外，加大电力线路保护的宣传，利用法律来惩罚乱开挖的人员、企业。 （5）在电缆敷设时，结合电缆路径周边情况，采取措施提高电缆线路的机械强度，在堆电缆进行直埋施工时需要在电缆之上加盖防护板，采用敷设埋管的操作方式，便于电缆在日常维护中的及时维修，也可以起到对电缆的防护

表 4－5 　　　　　　　　　　　**电缆单相接地故障案例 4**

故障时间	2016 年 12 月 7 日，15:52		
故障类型	单相接地故障		
故障名称	围里变电站 10kV 五缘二期 Ⅱ 回线路单相接地故障		
故障案例情况			
故障线路名称	围里变电站 10kV 五缘二期 Ⅱ 回线路	故障线路类型	混合线路
中性点接地方式	中性点经小电阻接地	故障发生位置	围里变 10kV 五缘二期 Ⅱ 回 941 断路器至五缘湾二期 1 号断路器站 10kV Ⅱ 回进线 902 断路器间
故障现象	15:52 围里变电站 10kV 五缘二期 Ⅱ 回 941 断路器零序 Ⅰ 段动作，C 相故障（零序电流 398.4A），故障指示器至五缘湾二期 1 号断路器站 10kV Ⅱ 回进线 902 断路器间电缆 C 相故障指示器动作 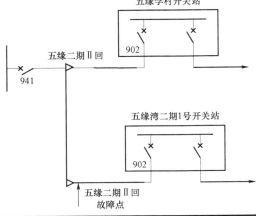		

故障处理与恢复	（1）故障发现与隔离。 1）告警。15:52 围里变电站 10kV 五缘二期 Ⅱ 回 941 断路器零序 Ⅰ 段动作，判断 C 相故障，此时零序电流为 398.4A。 2）选线。小电阻接地系统中，站内故障线路出线断路器跳闸，可直接确定故障线路，即围里变电站 10kV 五缘二期 Ⅱ 回线路。 3）故障隔离与恢复。本次故障采用故障指示器完成故障区段定位。故障发生后，围里变电站 10kV 五缘二期 Ⅱ 回 941 断路器至五缘湾二期 1 号开关站 10kV Ⅱ 回进线 902 断路器之间电缆 C 相故障指示器动作，而五缘湾二期 1 号开关站一、二次设备检查正常，故障指示器均未动作，确定故障发生在五缘湾二期 1 号开关站 10kV Ⅱ 回进线 902 断路器与邻近故障指示器之间。 围里变电站 10kV 五缘二期 Ⅱ 回 941 断路器由热备用转冷备用转检修，五缘湾二期 1 号开关站 10kV Ⅱ 回进线 902 断路器由热备用转冷备用再转检修，实现故障隔离。 （2）故障定位。经巡视，发现在开关站进口处有积水，该处电缆外护套和钢铠有破损，可发现明显放电击穿点，如图所示。抢修人员即刻展开抢修。  （3）故障修复。抢修人员将附近积水进行处理，完成对故障电缆进行修复后，向调度汇报竣工，恢复送电。送电后线路恢复正常
故障原因	（1）绝缘受潮。由于电缆井处有积水，导致破损电缆长期浸泡在水中，遭受腐蚀严重，绝缘水平降低，引发故障。 （2）质量缺陷。经现场对电缆本体的解剖，发现电缆本体质量存在严重质量缺陷，绝缘材质内含水泡和杂质、电缆外层防水不严密、机械强度差，防护材质自身抗腐蚀性能较差，如有破口易受损伤。 （3）电缆敷设施工不规范。由于敷设施工不合理，在电缆敷设过程中的野蛮施工导致电缆管口附近外护套及钢铠有破损，损坏外护层，极易使电缆受潮，绝缘破坏，在运行时导致故障发生
改进建议	（1）加强日常维护与巡视。加强电缆通道的日常维护与巡视，发现环境恶劣的区域，应及时汇报，例如积水、腐蚀、外护层损坏等缺陷。 （2）采用质量水平优良的电缆制品。10kV 配电网体系的电缆的主要结构为导体、屏蔽层、绝缘层、护套四大部分。电缆的性能取决于导体的质量、绝缘层的强度、同心度以及其他组成部分的材料等。重点看电缆截面面积、绝缘层及保护套层的厚度等，通过加强材料的准入管理，落实入库检测工作，可以有效发现问题电缆。 （3）敷设前检查电缆表面有无损伤，并测量电缆绝缘电阻，检查是否受潮；敷设过程中要采取措施保护电缆外皮不受损伤，避开支架棱角或尖刺，防止扭伤和过分弯曲（弯曲半径超过允许值），在电缆线路转弯处需要有滑车部件进行弯曲过渡，保障电缆转弯处不被损伤。另外，在电缆进出保护管处需要有光滑的扬声器口，在拖动操作中要尽可能缓慢且平稳

4.2 相间短路故障

4.2.1 短路故障类型

电缆的相间故障是指电缆本体或者附件发生两相短路、两相短路接地、三相短路故障。电缆两相短路是指电缆两芯短路连接;电缆两相短路接地是指电缆两芯均发生接地故障,包括同一点发生两相接地和不同两点发生接地的相间故障(又叫相故障);三相短路是指电缆三芯之间短路或者接地。电缆发生相间短路故障时都会产生巨大的短路电流,直接导致过流保护动作跳闸,混合线路一般投入一次重合闸以提高供电可靠性,而对于纯电缆线路,相间故障大多为永久性故障,约占85%,不同的地区根据实际需求选择重合闸的投入。

4.2.2 短路故障成因及危害

4.2.2.1 短路故障成因

相间短路故障的成因与单相接地故障成因有很多相似之处,以将继续从内部因素和外部因素的角度分析造成短路故障的原因。

(1)外部原因。

1)外力破坏。人为的外力破坏和自然界的外力破坏都有可能导致相间短路故障,尤其是城市在建设过程中,机械挖掘和人工打桩直接将电缆挖断,造成放炮,引发站内保护动作跳闸,切断供电,此时,如果施工器具未采取有效的防护措施,将会造成作业人员触电的事故,较大的电弧也会造成人员灼伤;在施工过程当中,电缆敷设的不规范直接导致电缆外护层和内部绝缘层损坏,使电缆本身的机械强度、防水性能、绝缘强度下降,长期运行后易在薄弱环节造成相间绝缘击穿。

2)接头制作工艺不良。电缆终端和中间接头是电缆最为薄弱的环节,大部分电缆线路故障都发生在这里,接头制作的好坏直接影响到电缆线路的安全运行。接头在制作过程中常出现的工艺不良状况有:导体连接存在问题,对于终端接头,电缆芯线与出线杆、出线鼻子之间连接不良,对于中间接头,电缆芯线之间压接不良、芯线与连接管之间连接不良;绝缘可靠性低,所用绝缘材料老化快导致绝缘强度降低,不满足电缆线路在各种状态下长期安全运行的绝缘结构;密封性差,不能有效地防止外界水分和有害物质侵入到绝缘中去,使内部绝缘层受潮或腐蚀;机械强度低,无法承受各种运行条件下电缆线路上产生的机械应力。

3)绝缘受潮。电缆在存放、敷设、接头制作、运行等各个过程中都容易造

93

成进水受潮，电缆受潮后，在电场的作用下，会发生老化，绝缘水平降低，最终导致击穿。尤其是在中间接头处，由于接头处的防水性相对较差，内部往往两相或者三相同时受潮老化，造成相间故障。

4）过电压。与单相接地故障类似，大气过电压（雷击）和电缆内部过电压都会造成电缆多点对地击穿，产生相间故障。故障击穿点大多都是电缆存在缺陷的部位。

（2）内部因素。

1）单相接地故障引起相间故障。小电流接地系统发生单相接地故障后，非故障相对地的电压可升高，经弧光电阻接地的故障，可能出现电弧熄灭和重燃的间歇性电弧，这些故障状态还可能会造成系统出现谐振，在故障相和非故障相中均产生过电压，这种过电压持续的时间一般较长，它能加速电缆绝缘老化，造成电缆在某些绝缘的薄弱环节再次发生击穿；同时，单相接地故障采用试送法确定故障区段时，可能会使绝缘薄弱环节再次遭受过电压冲击，从而出现两相接地或者三相短路故障。

2）绝缘老化。与单相接地故障相似，电缆绝缘长期受电和热的作用，每一相的绝缘层都会发生老化，引起绝缘水平降低，导致相间故障。造成绝缘老化的主要因素有过负荷运行、过电压工作、电缆靠近热源等。

3）本身质量缺陷。电缆在制造过程中产生的质量问题也是造成电缆相间故障的原因之一。电缆本体和附件的质量缺陷会直接影响电缆的绝缘性、防潮性和机械强度等关键指标，使电缆在恶劣的自然环境和运行环境中极易发生相间击穿，造成相间故障。

4.2.2.2 短路故障危害

（1）对供电可靠性的影响。配电电缆线路产生相间短路故障后，巨大的短路电流缆通过电缆导体，短时间内产生大量热量，温度很高，极易烧断电缆发生爆炸事故，造成较大面积停电。

（2）对用电设备影响。短路电流流过非故障元件，由于大电流所产生的热和电动力的作用，致使非故障元件损坏或寿命缩短，在某些位置甚至会产生电弧，造成设备烧损。

（3）对用户的影响。短路时系统电压突然下降，对用户带来很大影响。比如作为主要动力设备的异步电动机，其电磁转矩与端电压平方成正比，电压大幅下降将造成电动机转速降低甚至停止运转，给用户带来损失。同时由于电压的下降，使电力用户正常的工作遭到破坏，产生报废品。

（4）对周围环境影响。当系统发生短路时，短路电流的磁效应所产生的足够的磁通在邻近的电路内能感应出很大的电动势。这对于附近的通信线路、铁路信号系统及其他电子设备、自动控制系统可能产生强烈干扰。

4.2.3　故障处理流程

电缆相间故障处理基本流程也可以按照故障发现与隔离、故障定位、故障修复三大步骤，如图 4-19 所示。与单相接地故障不同，由于相间故障产生较大的短路电流，考虑到大电流的危害，一般站内出线采用三段过流保护直接切除相间故障。

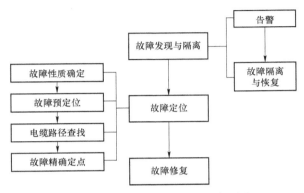

图 4-19　电缆相间故障处理流程图

4.2.3.1　故障发现与隔离

（1）故障发现。基于传统站内断路器跳闸，信号告警。当站内 10kV 电缆出线发生相间故障时，系统会产生较大的短路电流，站内出线断路器的过流保护会即刻动作，断路器跳闸，将故障线路切除，并发出告警信号。对于纯电缆线路电缆故障均为永久性故障，大部分地区不投重合闸，故障跳闸后直接进行故障处理；而对于混合线路，由于在架空线部分发生瞬时性故障几率较大，站内断路器一般投入一次重合闸，若为瞬时性故障，断路器跳闸后重合，配电系统便能恢复正常供电，故障消失；若为永久性故障，重合后故障仍然存在，断路器会再次跳闸，切除出故障。

基于现代配电自动化系统故障告警。配电自动化主站通过获取的 DTU、电缆故障指示器等终端的信息，判断出短路故障的发生，随即会发出告警信号并启动 FA 功能。

（2）故障隔离与恢复。故障报警后，通常采用巡视手段（有明显的外力破坏）、配网自动化系统、故障指示器装置、分段试送的方法对故障区段进行初步判断，确定故障区段。对于相间故障，多数城市采用故障指示器或者配电自动化系统进行故障区段定位，配电自动化系统可以通过后台主站内部算法直接定位故障区段，实现故障区域的快速隔离和非故障区域的快速恢复供电，不但不会对系统造成二次损坏，而且准确性高，时效性快；故障指示器则是利用较大的短路电流使故障指示器动作翻牌，方便巡视人员快速确定故障区段；采用试送法虽然也能够精确定位故障区段，但是对开关设备和电缆本体都会带来二次损害，甚至引起更严重的事故，一般不建议使用。确定故障区段后，对故障区段进行隔离，并对非故障区域进行负荷转供，恢复供电。由于相间短路会产生较大的短路电流，在故障点处一般会有较为明显的破坏，通常可在故障区段内进行巡视即可发现破坏点。若巡视不能发现明显的故障点，抢修人员将采取定位措施对故障点进行定位查找。

4.2.3.2　故障定位

对于电缆相间故障，故障点定位也分为故障性质确定、故障预定位、电缆路径查找、故障精确定点，处理过程与单相接地故障相同，此处不再赘述。

4.2.3.3　故障修复

对于电缆故障，无论是单相接地还是相间故障，发生故障后修复手段都是一样的，只是由于相间故障发生时产生大电流缆，对电缆的损坏程度比较大，修复时间长、难度较大。

4.2.4　短路故障案例

电缆相间故障案例见表 4-6～表 4-9。

表 4-6　　　　　　　　　　电缆相间故障案例 1

故障时间	2016 年 7 月 28 日，19:39		
故障类型	相间故障		
故障名称	泉州公司 110kV 东星变埭头线单相接地故障，安吉线、东馆线相间故障		
故障案例情况			
故障线路名称	110kV 东星变电站 10kV 埭头线、安吉线、东馆线	故障线路类型	混合线路
中性点接地方式	中性点经消弧线圈接地	故障发生位置	10kV 安吉线 4 号环网柜 941 断路器至安吉线 8 号环网柜 981 断路器之间电缆故障；10kV 东馆线 613 断路器至 10kV 东馆线 1 号环网柜 911 断路器之间电缆故障；10kV 埭头线 6 号环网柜 966 断路器至埭头线 7 号环网柜 971 断路器之间电缆故障
故障现象	（1）19:35 东星变电站 10kV Ⅰ段母线 B 相不完全接地告警，三相电压分别为 U_a=6.896kV、U_b=4.4kV、U_c=7.412kV，零序电压 $3U_0$=5.092kV。 （2）19:39 10kV 东馆线、安吉线线路站内断路器跳闸。 （3）19:39 东星变电站Ⅱ段、Ⅲ段母线出现 A 相接地告警，三相电压分别为 U_a=0.205kV、U_b=10.32kV、U_c=10.17kV，零序电压 $3U_0$=-6.34kV		

続表

故障现象	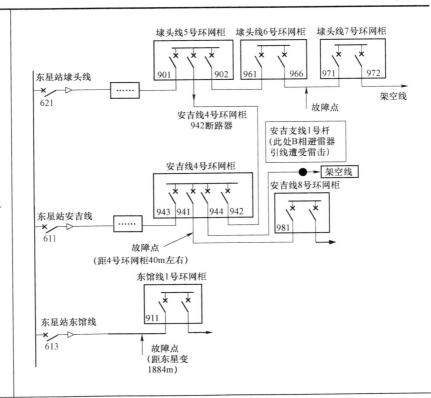
故障处理与恢复	（1）故障发现与隔离。 1）告警。19:35 东星变电站 10kV Ⅰ 段母线 B 相不完全接地告警，19:39 东馆线与安吉线线路站内断路器过流Ⅲ段动作跳闸，Ⅰ 段母线电压恢复正常。 19:39 东星变电站Ⅱ段、Ⅲ段母线出现 A 相接地告警。 2）选线。首次发现接地告警后，接地选线装置选线 10kV 安吉线 611 和 10kV 东馆线 913 线路，10kV 东馆线、安吉线线路站内开关Ⅲ段保护动作跳闸，母线电压恢复正常，确定故障线路。 随后再次出现接地告警，经过试拉，确定为 10kV 埭头线 A 相接地故障地。 3）故障隔离与恢复。经现场巡线，并采用分段隔离试送，确定故障点为：安吉线 10kV 安吉线 4 号环网柜 941 断路器至安吉线 8 号环网柜 981 断路器之间电缆故障；10kV 东馆线 613 断路器至 10kV 东馆线 1 号环网柜 911 断路器之间电缆故障；10kV 埭头线 6 号环网柜 966 断路器至埭头线 7 号环网柜 971 断路器之间电缆故障。 隔离故障电缆后，对安吉线、东馆线、埭头线三条线路非故障段进行转供。 （2）故障定位。按照电缆故障点定位的基本程序对电缆故障点进行查找，发现 10kV 安吉线 4 号环网柜 941 断路器至安吉线 8 号环网柜 981 断路器之间电缆 B 相中间接头（距 4 号环网柜 40m 左右）击穿烧毁，同时，距 4 号环网柜 20m 左右另一个中间接头 B 相耐压打到 25 000V 时，泄漏电流达 500μA 以上；10kV 东馆线 613 断路器至 10kV 东馆线 1 号环网柜 911 断路器之间电缆 B 相中间接头（距东星变 1884m 处）击穿烧毁；埭头线 6 号环网柜 966 断路器至埭头线 7 号环网柜 971 断路器之间电缆 A 相中间接头击穿烧毁。 同时巡视发现，安吉支线 1 号杆 B 相避雷器引线因雷击断落造成 B 相接地故障。 现场故障如图所示

97

故障处理 与恢复	 安吉支线 1 号杆   安吉线电缆中间接头　　　　东馆线电缆中间接头 （3）故障修复。故障修复完成后，恢复送电，系统运行正常。
故障原因	（1）雷击过电压。雷击发生后，电缆线路的绝缘薄弱部位再次遭受冲击，使绝缘变得更加脆弱，成为隐患部位，容易发生故障。 （2）单相接地故障引发相间故障。雷击造成单相接地故障，故障发生后，非故障相的电压升高，导致电缆绝缘薄弱的环节发生击穿，即安吉线、东馆线电缆中间接头击穿烧毁，引发跳闸。 （3）埭头线线上的单相接地故障是由于电缆本身存在绝缘薄弱环节，由于雷击过电压，导致 B 相发生对地击穿
改进建议	（1）严格控制避雷器入网质量，加强配网设备入网检测。 （2）定期开展配网电缆接头的带电检测，制定排查周期表，合理安排计划，对配网运行电缆检测要做到全覆盖，及时发现电缆存在的问题并消除

表 4−7	电缆相间故障案例 2	
故障时间	5 月 23 日，13:50	
故障类型	相间故障	
故障名称	厦门公司园博变电站 10kV 中海线跳闸故障	
故障案例情况		
故障线路 名称	园博变电站 10kV 中海线	故障线路类型	混合线路
中性点接 地方式	中性点经消弧线圈接地	故障发生位置	中央海岸 1 号开闭所海一Ⅱ回 921 至中海 2 号环网柜海一Ⅱ回 913 柜之间

<table>
<tr><td rowspan="2">故障现象</td><td>（1）13:50 园博变电站 10kV Ⅰ 段母线 B 相全失地。
（2）13:57 园博变电站 10kV 中海线 971 开关过流Ⅱ段保护动作开关跳闸（中央海岸 2 号开闭所 BZT 动作）。</td></tr>
<tr><td>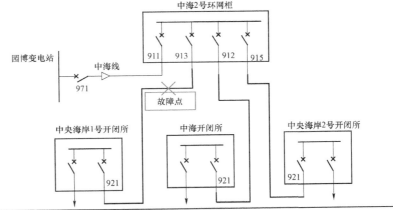</td></tr>
</table>

故障处理 与恢复	（1）故障发现与隔离。 　1）告警。5 月 23 日 13:50 报园博变电站 10kV Ⅰ 段母线 B 相单相接地，选线装置未判定故障馈线，13:57 园博变电站 10kV 中海线 971 断路器过流Ⅱ段保护动作断路器跳闸。 　2）故障隔离与恢复。通过查看自动化信息系统断路器变位信息，确定故障馈线为 971 线路。通过巡线检查节点断路器、保护和故障指示器的变位情况，沿跳闸间断路器线路侧进行巡查，发现中海 2 号环网柜 911 断路器在热备用，B、C 相翻牌，913 断路器 B、C 相翻牌，其他开关无异常；对下游开闭所进行检查，发现中央海岸 2 号开闭所查无异常，中海开闭所查无异常；报中央海岸 1 号开闭所查无异常；最终锁定故障线段为中海 2 号环网柜 913 断路器下游与中央海岸 1 号开闭所 921 断路器之间。锁定故障线段后，对负荷进行转供。 （2）故障定位。确定故障区段后，采用探伤设备对电缆故障点进行精确定位后开挖抢修。现场故障如图所示。  （3）故障修复。发现故障点后，发现故障点处有明显的外破，损坏比较严重，立刻采取措施对损坏电缆进行了修复

故障原因	确定故障位置后，经现场勘察，发现该处电缆路径下方正在进行隧道施工，导致该处电缆遭受机械外力破坏，使电缆外护层、绝缘层受损，结合故障信息分析，确认本次故障应该是外破导致单相接地故障，同时该点处的非故障相的绝缘也同时遭到损坏，但未击穿，单相接地故障短时运行后，由于非故障相的电压升高，导致电缆两点接地击穿
改进建议	（1）施工方在施工前应做好现场勘查，熟悉附近电缆路径，及时与供电公司沟通协商。 （2）供电公司应完善电缆路径标识。 （3）电缆运维部门应加强日常巡视，及时发现并上报潜在的安全隐患

表 4-8　　　　　　　　　　　电缆相间故障案例 3

故障时间	2015 年 4 月 11 日，13:58		
故障类型	相间故障		
故障名称	石家庄公司 110kV 方北站 423 万达一线相间故障		
故障案例情况			
故障线路名称	110kV 方北站 423 万达一线	故障线路类型	电缆线路
中性点接地方式	中性点经消弧线圈接地	故障发生位置	方北站 423 万达一线 1013 号开闭所 103 断路器至 1052 号开闭所 201 开关之间电缆
故障现象	110kV 方北站 423 万达一线跳闸，故障线路拓扑图如下： 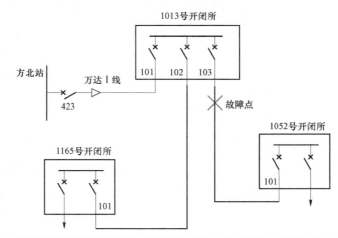		
故障处理与恢复	（1）故障发现与隔离。 　1）告警。2015 年 4 月 11 日 1 时 58 分，方北站 423 万达一线跳闸，随即组织人员开展巡线工作。 　2）故障隔离与恢复。巡视人员根据现场故障指示器翻牌情况，确定故障点位于为 1013 号开闭所 103 断路器至 1052 号开闭所 101 断路器之间。 （2）故障定位。班组人员携带故障查找设备到达 1013 号开闭所确定故障电缆后开展故障定位。最终确定故障点为 1013 号开闭所 103 断路器至 1052 号开闭所 101 断路器之间的中间接头。 （3）故障修复。故障接头处有大量污水。班组人员立刻开展抽水工作，将污水抽去并开展电缆修复。4 月 12 日 1 时将电缆修复完毕恢复供电。 现场故障如图所示。		

故障处理 与恢复	
故障原因	（1）该电缆全程排管敷设，故障点为电缆中间头，该处共井内存在大量污水，使得电缆受潮。从该电缆线芯呈现绿色也可判断该电缆已经受潮严重。 （2）中间头爆炸处位于铜屏蔽与半导电搭接处，距离复合管 5cm，应为中间头制作时使得主绝缘损伤，使电缆更易遭受潮气侵蚀，产生放电，最终导致故障发生
改进建议	（1）加强巡视工作，及时对电缆管沟漏水处进行封堵。 （2）强化电缆验收管理，路径不合格应及时通知整改，避免出现电缆与路径接收脱节的情况发生。 （3）细化电缆中间头制作工序验收工作，在验收过程中及时发现安装工艺问题，及时采取相应措施

表 4－9　　　　　　　　　　　　电缆相间故障案例 4

故障时间	2012 年 3 月 17 日，18:36		
故障类型	相间故障		
故障案例情况			
中性点接地方式	中性点经消弧线圈接地	故障线路类型	电缆线路

故障现象	2012 年 3 月 17 日 18:36，Q 站 R 线路过流一段掉闸，Ⅰ为一级用户，一路电源来自 A 变电站 247 号断路器，另一路电源来自 B 变电站，两路电源为不同路径敷设。3 月 18 日 03:53 恢复正常运行方式，抢修用时 557min（9.28h）。 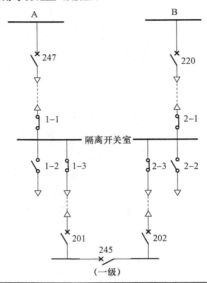
故障处理与恢复	3 月 17 日 18:36，Q 站 R 线路过流一段跳闸，检修人员迅速赶赴现场，经过确认，R 线路为双条 3×240 纸绝缘电缆，且大部分为直埋敷设。为了确定大致的故障点，首先在Ⅰ隔离开关小室进行了放电试验，大概确定故障点位于以隔离开关小室为起点的 627m 处，与此同时安排了四个小组携带信号收集器在直埋路径上进行探测，直埋电缆大部分位于绿地内且下着雨，干扰信号很大，最终在一处通行沟道的井盖上听到了"啪啪"的放电声。该处为一段南北向的通行沟道，直埋电缆经过时正好借用了这段沟道，经下井核查发现故障点位于此通行沟道井口东面 30m 处，为电缆中间接头故障。02:35，电缆工区完成了 2 个中间接头制作，电缆线路上的工作全部结束；03:53，R 线路恢复正常运行方式，未对用户供电造成不良影响。 　现场故障如图所示。 
故障原因	安装施工质量问题是造成本次相间短路爆炸的主要原因。安装过程中电缆中间接头导体连接管压接不良，打磨不平整，特别是在压接管口边缘处，局部有尖角、毛刺，造成接头内部电场分布不均匀，局部电场集中，长久后产生局部放电，使电缆绝缘性能下降，最终发生相间故障
改进建议	（1）施工方须严格按照安装工艺进行接头操作，严格控制施工质量，加强人员技能培训，提高技术水平，保障工程安全投运并稳定运行。 　（2）安装后及运行中的设备，必要时可利用检测等手段加强设备的试验检测。 　（3）定期开展配网电缆接头的带电检测，及时发现配网电缆存在的缺陷

4.3 断路故障

4.3.1 断路故障类型

电缆持续运行一段时期后，可能会出现电缆线路中某一条或几条电缆有断线故障。当电缆有断路故障时，可能是单相断线，也可能是两相或者三相断线。

4.3.2 断路故障成因及危害

导致电缆断路的原因主要有下列几个方面：

（1）电缆制造质量差。质量较差的电缆敷设后，受环境影响，受额定电压及电流作用，芯线机械强度下降、绝缘受损而使电缆出现故障。

（2）施工过程电缆运输保管及敷设不当。敷设施工电缆受挤压、敲打，芯线连接或压接不牢，经过一段时间运行，受损伤部位扩大，最后导致芯线断裂、绝缘或保护层损坏，使相间芯线相碰而短路。

（3）运行期间维护保养不及时。在线电缆处在恶劣环境下运行供电，如直埋电缆地下被有害液体侵蚀，混凝土结构的缆沟进水、通风不良等，导致电缆加速损坏。

（4）过载运行。电缆线路上所接用电设备过多，使电缆处于过载运行，促使电缆发热、绝缘老化，最终使电缆故障发生。

电缆断路故障最明显的特征是绝缘电阻测试结果为无穷大，或者此时电缆各相导体的绝缘电阻测试结果正常，但导体的连续性试验证明有一相或数相导体不连续，或虽未断开但工作电压不能传输到终端，或虽然终端有电压但负载能力较差。危害表现为用户缺相运行，很容易导致用户电气设备烧毁。

4.3.3 故障处理流程

（1）故障查找与隔离。

1）电缆线路发生故障后，根据线路跳闸、故障测距和故障寻址器动作等信息，对故障点位置进行初步判断，并组织人员进行故障巡视，重点巡视电缆通道、电缆终端、电缆接头及与其他设备的连接处。

2）确定有无明显故障点。

3）如未发现明显故障点，应对所涉及的各段电缆使用兆欧表或耐压仪器进一步进行故障点查找。

4）故障电缆段查出后，应将其与其他带电设备隔离，并做好满足故障点测寻及处理的安全措施。

（2）故障测寻。

1）电缆故障的测寻一般分故障类型判别、故障测距和精确定位三个步骤。

2）可使用绝缘电阻表测量相间及每相对地绝缘电阻、导体连续性来确定，必要时对电缆施加不超过 DL/T 596—1996 规定的预防性试验中的直流电压判定其是否为闪络性故障。

3）电缆故障测距主要有低压脉冲反射法和高压闪络法。

4）电缆故障精确定位主要有声磁同步法、音频感应法、声测法等。

5）故障点经初步测定后，在精确定位前应与电缆路径图仔细核对，必要时应用电缆路径仪探测确定其准确路径。

（3）故障修复。

1）电缆线路发生故障，应积极组织抢修，快速恢复供电。

2）拆除故障电缆前应与电缆走向图进行核对，必要时使用专用仪器进行确认，在保证电缆导体可靠接地后，方可工作。

3）故障电缆修复前应检查电缆受潮情况，如有进水或受潮，必须采取去潮措施或切除受潮线段。在确认电缆未受潮、分段电缆绝缘合格后，方可进行故障部位修复。

4）故障修复应按照电力电缆及附件安装工艺要求进行，确保修复质量。

5）故障电缆修复后，按规定进行耐压、局部放电等试验，并进行相位核对，经验收合格后，方可恢复运行。

（4）故障分析。

1）电缆故障处理完毕，应进行故障分析，查明故障原因，制订防范措施，完成故障分析报告。

2）故障分析报告主要内容应包括故障情况（包括系统运行方式、故障经过、相关保护动作及测距信息、负荷损失情况等）；故障电缆线路基本信息（包括线路名称、投运时间、制造厂家、规格型号、施工单位等）；原因分析（包括故障部位、故障性质、故障原因等）；暴露出的问题；采取应对措施等。

（5）资料归档。

1）电缆故障测寻资料应妥善保存归档，以便以后故障测寻时对比。

2）每次故障修复后，要按照生产管理信息系统的要求认真填写故障记录、修复记录和试验报告，及时更改有关图纸和装置资料。

3）对非外力故障电缆，将故障样本送检。

4.3.4 断路故障案例

电缆断线故障案例见表 4－10。

表 4-10	电 缆 断 线 故 障 案 例		
故障时间	2017-03-17，13:46:54		
故障类型	电缆断路故障		
故障名称	莆田供电公司 110kV 城东变 10kV 谊来 II 路 634 线路信辉桥信辉上城联线电缆断路故障		
故障案例情况			
故障线路名称	10kV 谊来 II 路 634 线路信辉桥信辉上城联线	故障线路类型	混合线路
中性点接地方式	中性点经消弧线圈接地	故障发生位置	10kV 岸兜线 915 线路兴场分线 011-012 号杆
故障现象	（1）10kV 谊来 II 路 634 线路信辉桥信辉上城联线电缆送电后用户反映缺相； （2）现场巡线，发现 10kV 信辉桥信辉上城环网柜 902 断路器故障指示器 A 相故障指示器不亮。10kV 东延线信辉桥环网柜 901 断路器 A 相故障指示器不亮； （3）现场故障如图所示。 		
故障处理与恢复	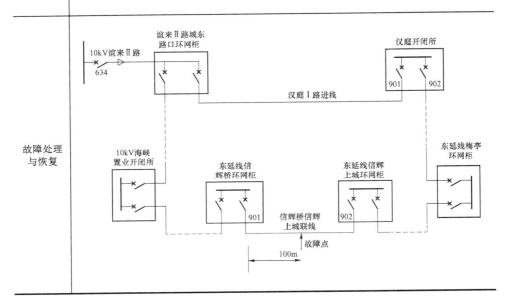		

故障处理 与恢复	（1）故障发现：10kV 谊来Ⅱ路 634 线路信辉桥信辉上城联线电缆送电后用户反映缺相； （2）故障定位：根据用户反映，对故障线路进行查找，检查 10kV 谊来Ⅱ路 634 线路，检查各环网柜带电显示器显示情况，发现 10kV 信辉桥信辉上城环网柜 902 断路器故障指示器 A 相故障指示器不亮。10kV 东延线信辉桥环网柜 901 断路器 A 相故障指示器不亮。故判断故障在信辉桥上城连线电缆 A 相缺相； （3）故障隔离：断开 10kV 东延线信辉桥环网柜 901 断路器，合上 9016 接地开关，断开 10kV 信辉桥信辉上城环网柜 902 断路器，合上 9026 接地开关； （4）故障测试，采用故障测试仪低压脉冲反射波形，测试波形如下，故障点为离东延线信辉桥环网柜 100m 的位置中间接头 A 相缺相。 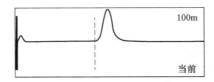 （5）故障抢修：发现故障后，立即组织人员勘查现场，在系统中开抢修票，经调度许可后开展抢修工作，修复信辉桥上城连线电缆中间接头，完毕后根据调度指令恢复送电
改进建议	（1）对中间接头施工加强工艺管控，确保电缆附件施工质量。 （2）加强线路巡视，提前预防故障发生

小　结

　　本章主要针对电缆线路的各类故障进行了具体阐述，包括单相接地故障、相间短路故障和断路故障。各类故障主要从故障类型分类、故障原因与危害、故障处理流程三方面说明了电缆故障处理定位流程，同时也以实际处理案例来进行展示和说明。其中重点介绍了单相接地故障和相间短路故障处理的流程，也以实际案例来进行说明。通过本章的介绍，掌握电缆线路故障的特征和相应的处理流程。

配电网故障定位技术应用实例

5.1 故障定位技术及方法

5.1.1 单相接地故障选线技术及方法

目前配网单相接地故障提出的故障选线技术方法很多，现有的选线方法可分为传统法、稳态分量法、暂态分量法、注入信号法、综合法等方法。

（1）传统拉线法。

拉线法是通过在母线上的零序电压数值来检测线路是否发生单相接地故障，若发生单相接地故障，则采用人工逐条线路拉闸的方式判断哪条线路发生故障，当故障线路被拉开时，接地故障指示消失，可确定故障线路。

人工拉线的传统选线方法使正常线路也会短暂停电，降低了配网线路供电可靠性，严重影响了经济效益；且人工拉线法选线时，每一次开关的断开和闭合都会对配电网造成冲击，容易产生操作过电压和谐振过电压，影响配网线路供电可靠性和配网设备运行寿命。

（2）稳态分量选线方法，中电阻法。中电阻法选线的基本原理是当小电流接地故障后，将系统中性点人为地通过一个中值电阻有效接地，即在系统中性点经消弧线圈接地旁通过开关并联一个阻值合适的电阻。若为瞬时性故障，接地电弧被消弧线圈熄灭，故障自动消除无需选线，电阻不投入；若是永久性接地故障，发生接地故障时，消弧线圈控制装置进入选线过程，闭合开关投入中电阻，中性点接地回路变为消弧线圈和中电阻的并联电路，该电阻产生的有功电流仅流过故障线路，在故障线路下游和非故障线路将检测不到工频故障电缆，而在故障点上游之路构成回路，可检测到工频故障电流，根据这一特点可确定故障点所在线路及区段。

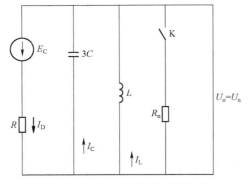

图 5-1 中电阻法系统发生单相接地
故障等效电路图

简化后的消弧线圈并联中电阻的小电流接地系统发生单相接地故障时的等效电路如图 5-1 所示，其中 E_c 为电源电压，R 为过渡电阻，$3C$ 为系统三相等效电容，L 为消弧线圈，K 为并联电阻开关，R_n 为并联接地中电阻，U_o 为系统零序电压，I_D 为流过故障点的总电流，I_C 为流过三相对地电容的电流，I_L 为流过消弧线圈的电流，I_R 为流过并联电阻的电流。

采用中电阻法选线，既保证了消弧线圈补偿接地电容电流的优点，又保证了选线的准确性，由于投入过程中，增加的是有功电流，对整个系统的谐振脱谐度无影响，不会造成谐振过电压。但采用中电阻法选线需投入中电阻的投资，设计合适中值电阻配合消弧线圈电感值及线路电容值很困难。

（3）暂态分量选线方法。

1）暂态信号法

暂态信号法是利用接地瞬间分布电容的充放电过程产生的暂态过程，测量暂态零序电流、零序电压，判断故障方向和估算故障距离，利用暂态信号法的选线方法有多种，如零序暂态电流法、首半波法、小波法等。

2）零序暂态电流法

对于放射形结构的电网，暂态零序电流与零序电压的首半波之前存在着固定的相位关系。在故障线路上两者的极性相反，在非故障线路上两者的极性相同，以此可以检测出故障线路，故障线路零序电流的极性与所有正常线路均相反，以此作为选线依据，任选一条馈线的零序暂态电流 $i_{oj}(t)$ 作为基准量，其他馈线 i 的判断量可计算为

$$P_i = \frac{1}{T}\int_0^T i_{0i}(t) \times i_{0j}(t)dt = \frac{1}{M}\sum_{k=1}^{M} i_{0i}(k) \times i_{0j}(k) \tag{5-1}$$

式中：P_i 为馈线 i 的判断量，A^2；$i_{0i}(t)$ 为滤去工频稳态分量后馈线零序暂态电流，A；T 为积分时间，s，大于等于暂态分量的周期；M 为 T 积分时间的采样点数。

对于 P_i 有下列判据：当有唯一的第 $i=c$ 条馈线 P_c 值为负时，c 为故障馈线；当 P_i 全部为负时，参考馈线为故障馈线；当 P_i 全部为正时，为母线故障。

该方法可用于经过渡电阻接地、弧光接地等情况，但在电压过零短路时，

暂态过程不明显，此法不适用。

3）首半波法。当故障发生在相电压接近于最大值瞬间时，暂态电容电流比暂态电感电流大很多，在故障初期，电感电流和电容电流是不能相互补偿的，起暂态接地电流的特征主要是由暂态电容电流的特征所决定。零序电流和零序电压首半波之间存在着固定相位关系，对于放射性结构的电网而言，故障线路两个零序量极性相同，在非故障线路上两者极性相反。首半波法的原理基于接地故障发生在相电压接近最大值瞬间这一假设，发生接地后的第一个半周期，故障线路零序暂态电流与正常线路零序暂态电流极性相反，但当单相接地故障发生在电源电压过零时，电流的暂态分量值很小，易引起极性误判，导致选线失败。

4）小波法。配网线路单相接地时，故障电压和电流的暂态过程持续时间短，但含有丰富的特征量，而稳态数值变小，小波分析可以对信号进行精确分析，特别是对暂态突变信号和微弱信号的变化较灵敏，能可靠地提取故障特征。小波变换实质是一种信号的时间频率分析方法，是一种窗口大小固定不变但形状可以改变，时间窗口和频率窗口都可以改变的时频局部化分析方法。小波变换的极大值检测法是多尺度边缘检测，即在不同尺度上先对信号进行平滑，再由光滑信号的一阶导数检测信号突变点，由小波变换的极大值检测法可知，当信号出现突变时，其小波变换后的系数具有极大值，且极性与信号的突变方向相同。

应用小波变换对采集到的故障信号进行数据处理，求得各线路上零序电流的小波变换模极大特征值，选择合适的小波系数阈值，如果某线路 L_i 上零序电流的小波模极值大于其他线路上零序电流的小波模极值，并且同一时刻线路 L_i 上零序电流的小波模极值极性与其他线路相反，可判断 L_i 为故障线路；如果各线路上零序电流的小波模极值极性都相同，则为母线故障。

小电流接地电网单相接地故障等值电路是一个容性通路，故障突然作用在电路中产生的暂态电流通常很大，特别是发生弧光接地故障或间歇性接地故障的情况下暂态电流含量更丰富，持续时间更长，该方法适用于中性点不接地或中性点经消弧线圈接地配网线路系统，特别适用于配网线路故障状态复杂、故障波形杂乱的情况，但小波法采用的暂态信号受过渡电阻、故障时刻等多因素影响，暂态信号随机性强，局部性和非平稳性强，可能出现暂态过程不明显情况，且易受感染信号的影响，导致选线失败。

5）故障点前移法。

中性点非有效接地配电网发生单相接地故障后，除进行选线和定位外，还有两项重要的处理工作，一是及时可靠地熄灭电弧以避免故障的影响扩大化，二是有效抑制过电压以安全的方式维持用户供电。故障点转移法是一种通过改变单相接地故障后的中性点接地方式实现熄灭电弧以及选线、定位的技术手段。本文以某厂家的智能接地装置为例进行说明。

　　智能接地装置的组成如图5-2所示，其由下列主要元件构成：接地软开关（由故障相接地软开关 K1、K2、K3 和接地软开关 K4、电阻 R 构成），接地变压器 JDB，中电阻 R_z 及其投切单相接触器 K，主控制器等。

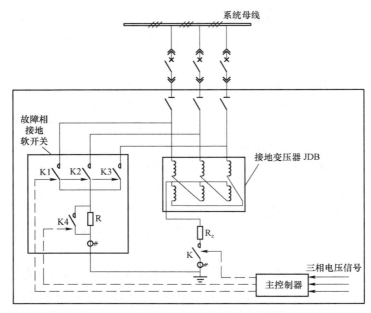

图5-2　智能接地配电系统一次原理图

　　装置采用正常运行时不接地，当检测到零序电压超过阈值，则表明智能接地装置覆盖的范围内发生了单相接地故障，迅速判断出接地故障相别，并控制故障相接地软开关经软导通过程将故障相金属性接地（从较大过渡电阻逐渐过渡到零过渡电阻，可有效抑制接地开关直接闭合引起的高频暂态过程）。经短暂延时后，智能接地装置控制故障相接地软开关经软开断过程而断开（从零过渡电阻逐渐过渡到无限大过渡电阻，可防止中性点电压低频振荡），并判断零序电压是否超过阈值，若否则表明这是一次瞬时性单相接地，已经处理完毕可以恢复正常运行；如为永久性单相接地故障，智能接地装置控制中性点短时投入中电阻 R_z，以显著增大接地点上游的零序电流，此时基于常规继电保护装置就能可靠地实现单相接地选线。延时数秒后完成选线或定位，中电阻退出，并控制故障相接地软开关再次经软导通过程而导通，将故障相金属性接地从而可靠熄灭电弧，此时智能接地装置覆盖的配电子网即工作在金属性单相接地的无电弧安全状态，使系统保持一定时间的安全供电。

故障点转移法实现方式较多，除上述方法外，还可采用低励磁阻抗变压器接地装置，相关内容不再赘述。

6）残流增量法。配网系统中性点经消弧线圈接地，当线路发生不对称接地故障时，由于故障点与大地形成通路，馈线中便会产生相应的零序电流，此零序电流称为残流。当线路发生单相接地故障后，会有短路电流流过与中性点连接的消弧线圈，此时，流过消弧线圈的电流相位与电容电流的相位正好相反，所以流过消弧线圈的电流对电容电流起到补偿作用，多次改变消弧线圈的电感参数大小，电感电流的大小随之改变，对电容电流的补偿程度也发生变化，从而改变线路出口处的零序电流的大小，通过对馈线出口零序电流的多次测量，观察每条馈线的零序电流变化量的大小，明显发生变化的即为故障线路，变化很小或近似为零的为非故障线路。

残流增量法原理示意图见图 5−3，消弧线圈安装在母线上，规定电容电流的方向为正方向，假设线路 3 发生接地故障，那么线路 1 和线路 2 始端测量的零序电流 I_1、I_2 为自身的固有电容电流，而线路 3 始端测量的零序电流为消弧线圈电感电流减去正常线路的固有电容电流 $I_L - I_1 - I_2$。如果在故障发生后调节消

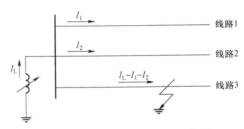

图 5−3　残流增量法原理示意图

弧线圈的参数，使电感电流由 I_L 变为 I_L'，则正常线路的零序电流不会发生变化，只有故障线路的零序电流会发生改变，变化量 I_L 变为 I_L'，这就是残流增量法的原理。

中性点经消弧线圈接地能够实现全补偿时为最佳运行状态，然而当消弧线圈电流达到全补偿时，又容易引起电感和电容的并联谐振，从而导致流过消弧线圈和线路电容的电流明显增大的现象发生，为了补偿装置能够达到最佳运行状态，同时减弱并联谐振造成的过电流问题，可在消弧线圈串联一个限流电阻并用一开关并联控制电阻的开断。限流电阻可有效地减弱并联谐振过电流，在故障点出现接地电弧时可实现全补偿，将接地电弧危害降为最小，在保持较短的时间实现消弧作用后，切除限流电阻，对消弧线圈的参数进行调整，进行残流增量法的判断。

（4）注入信号选线方法，S 注入法。S 注入法为注入信号选线方法之一，S 注入法突破了长期以来使用故障信号选线的框架，不利用单相接地故障产生的信号，而是向系统注入外部信号进行选线。该方法通常从电压互感器二次侧注入电流信号，其频率取在各次谐波之间，从而保证不被工频分量及高次谐波信号分量干扰，注入电流信号沿接地线路的接地相流动，并经接地点入地，用信

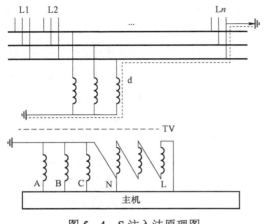

图 5-4 S 注入法原理图

号探测装置对每一条出线进行探测，探测到注入信号的线路即故障线路，S 注入法利用处于不工作状态的接地相电压互感器注入信号，不增加一次设备，不影响系统正常运行，特别适用于线路上只安装两相 TA 的系统。S 注入法系统由主机和电流探测装置组成，其原理图如图 5-4 所示。

信号电流发生器通过图 5-4 中 A、B、C、N、L 五根线与电压互感器的副边相连，则电压互感器副边各电压为

$$U_{AN} = U_{BN} = U_{CN} = \frac{100}{\sqrt{3}} \text{V}$$

$$U_{LN} = 0 \text{V}$$

发生单相接地故障时（假设图 5-4 中 A 相发生单相接地故障），则

$$U_{AN} = 0 \text{V}$$

$$U_{BN} = U_{CN} = 100 \text{V} = U_{LN}$$

即系统 A 相对地电压降为零，B、C 相对地电压升高为原来的 $\sqrt{3}$ 倍，根据电压互感器副边电压的变化，自动判断出 A 相为接地相，并将信号电源跨接在 A、N 端子间，向接地 A 相注入一特定频率的信号电流，信号电流会感应到原边，感应电流路径如图 5-4 中虚线 d 所示，电压互感器、故障相线路和接地点之前形成了回路，该注入电流的感应电流流经该回路、经接地点入大地，用信号探测装置对每条出线进行探测，有注入信号的线路即为故障线路。

S 注入法存在着一些问题，注入的信号功率不够大，变换到高压侧的注入信号非常微弱，难以准确测量；系统经高阻接地时，注入信号微弱而不易检测；系统经弧光接地时谐波信号含量丰富，注入信号极易受到干扰。

（5）综合选线方法。配网单相接地故障状况复杂多样，如间歇性电弧接地、金属性接地、非线性电阻接地等，各种接地状况所表现出来的故障信号特征在形式上、大小上都不一样。虽然目前已提出多种选线方法并进行实际应用，但是各种选线方法都有一个共同的不足之处，即都只是用到了某一方面的特征故障。理论和实践表明，没有一种选线方法能保证对所有故障类型有效，每种选线方法都有一定的适用范围，也有各自的局限性，当一个故障信号具备该方法

的适用条件时，该方法一定可以做出正确的判断；当适用条件不满足时，该方法的判断结果可能正确，也可能不正确，结果是具有模糊性的。

为了适用于各种复杂的单相接地故障情况，可行的方法是将多种选线方法进行集成来构造一种综合选线技术，每一种选线方法需要利用的故障信号特征是不同的，所需要的故障信号特征可以看作该方法的适用条件，针对某个故障信号，一种方法的适用条件可能不满足，但另一种方法的适用条件能够满足，几种方法覆盖的总的有效区域必然大于单个方法的有效区域，这样可充分利用各种选线方法选线性能上的互补性扩大正确选线的范围，提高选线的正确性，这就是综合选线方法的优势。综合选线方法有效域与故障域的关系如图 5-5 所示。

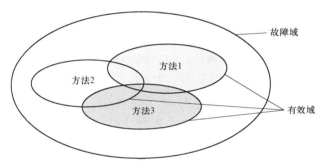

图 5-5　综合选线方法有效域与故障域的关系

（1）基于小波包变换的模糊神经网络综合选线法。模糊神经网络具有模糊信息处理能力，采用相对成熟的零序电流群体比幅值相法和能量函数法的结合，对其作算法上的改进并取得样本，通过模糊神经网络中的极大—极小神经网络进行训练，利用多层训练的收敛结果作为配网单相接地故障的判据。这种方法对电网结构和系统运行方式没有依赖性，且比较特征量明显，选线准确率高。

利用小波包分解故障暂态信号，将信号分解成不同频带的信号，根据这些频带信号激励模糊神经网络，利用经过接地后零序电流训练的模糊神经网络来判别接地线路，这种方法不受负荷谐波、暂态过程、故障点过渡电阻等因素的影响。

（2）粗糙集理论综合选线法。提出应用粗糙集理论对故障样本集进行数据挖掘和知识发现，确定各种选线方法的有效区域，这种方法以决策表为主要工具，对故障样品数据的信号特征进行离散化处理，对信息进行知识简约，最终获得故障信号特征与选线方法之间的决策规则，对于不协调决策规则通过概率的表达形式进行有效处理。粗糙集理论能准确得到各种选线方法的有效域，为选线方法的智能融合奠定了良好的基础。

5.1.2 单相接地故障定位技术及方法

单相接地故障定位技术及方法按定位利用的信号分为利用故障信号的方法（被动法）与利用主动注入信号的方法（主动法）两大类。主要的定位方法如下所示。

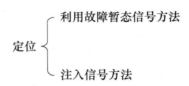

（1）巡线法。目前配电网运行环境复杂，在发生设备故障后给线路故障定位工作带来了难处。首先故障查找人员沿线巡视，目测查找故障点，当目测无法找到故障点的情况下，故障查找人员需将故障区段线路停电并与系统解列，然后用兆欧表测电阻来查找故障点，甚至需将线路人为解列为若干段，逐段登杆检查，最终定位到故障点。采用发生故障人工巡线的方法查找故障，每次查找和排除故障至少需要几个小时时间。

故障查找在中国虽研究较多，也有各种成型产品提供，但基本上都需人工现场查找，自动化水平不高。因此在配电线路运行管理上需要利用新技术来切实解决以上矛盾，利用先进的科技手段帮助运行、检修人员迅速赶赴现场，排除故障，恢复正常供电，提高供电可靠性，同时提高工作效率。

（2）暂态信号法。当稳态信号法因测量困难导致故障定位不准时，寻求不完全依赖于互感器精度的暂态法试图解决定位不准问题。通过获取故障瞬间的暂态波形，通过不同的数学方法提出不同的定位方法。暂态法的最大优势在于故障瞬间特征明显，但是，存在着明显的选线死区、盲区，如下：过零接地时，无暂态过程，故障直接进入稳态微弱阶段，暂态法失效；暂态法的可信度受过渡电阻影响很大，故障时接地过渡电阻越大，暂态分量越不明显，暂态法可能失效。暂态过程转瞬即逝，对信号采集、信号处理硬件电路以及软件算法要求严格，一旦错过暂态过程的可靠启动，根本无法定位。发生高阻接地时，现有装置往往面临启动灵敏度与可靠性的选择问题。

在中性点不接地系统中发生单相接地故障时，会产生一些暂态信号，其中最主要的就是非故障相电压升高的充电暂态和故障相电压降低的放电暂态，其暂态信号的组成有充放电暂态信号，其频率主要集中在 0.3～3.0kHz。暂态信号定位法不受负荷大小、故障初始角以及故障分支的影响，可以准确地实现配网单相接地故障定位，但当过渡电阻较大时精度大大降低，原因是过渡电阻增大时，暂态信号的衰减速度增大，导致定位不准甚至失效。

（3）外施信号法（中电阻）。外施信号法与中电阻选线方法原理类似，在变电站或线路上安装专用的单相接地故障检测外施信号发生装置（变电站每段母线只需安装 1 台）。发生单相接地故障时，根据零序电压和相电压变化，外施信号发生装置自动投入，连续产生不少于 4 组工频电流特征信号序列（如图 5-6 所示），叠加到故障回路负荷电流上，线路上的监测装置通过检测电流特征信号判别接地故障区段。

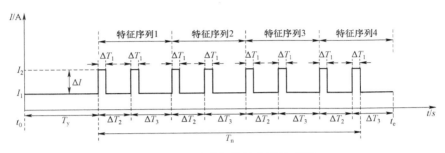

图 5-6　外施特征信号典型波形图

根据外施信号发生装置安装位置的不同，分为中电阻型和母线型。中电阻型外施信号发生装置安装在变电站的 10kV 母线中性点上，采用中电阻投切法产生一定特征信号。母线型外施信号发生装置安装在变电站 10kV 母线或某条配电线路上，按外施信号的不同，主要有不对称电流法和工频特征信号法。

以不对称电流法为例，安装示意图如图 5-7 所示，正常运行时，开关 K1～K3 处于断开状态。

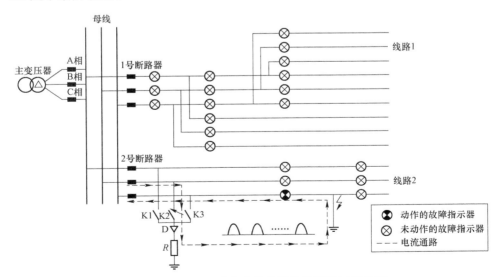

图 5-7　外施不对称电流信号发生装置投切示意图

单相接地故障时，根据零序电压和相电压变化情况，非故障相开关投切（如图 C 相发生单相接地故障时，A 相断路器 K_1 投切），在故障点和电源点之间产生具有一定特征的半波脉冲电流信号，若线路上的监测装置检测到的电流信号与中电阻投切产生的电流信号特征相符，且波形属于不对称的半波信号，则告警，根据监测装置的告警情况即可实现故障区段定位。

（4）声测法。直接通过听故障点发电的声音信号或看故障点放电的声音信号所转换的其他可视信号来找到故障点的方法称为声测定点法，简称声测法。声测法是目前电缆故障测试中应用最广泛而又最简便的一种方法，95%以上的电缆故障都用此法进行定点，很少发生判断错误。

使用与脉冲电压法测试相同的高压设备，使故障点击穿放电，放电时会产生放电声音，对于直埋电缆，故障间隙放电产生的机械振动，传到地面，通过振动传感器和声音转换器，在耳机中会听到啪啪的放电声，对于通过沟槽架设的电缆，把盖板掀开后，用人耳直接就可以听到放电声，利用这种现象可以十分准确地对电缆故障进行定位。

声测法是利用直流高压试验设备向电容器充电、储能，当电压达到某一数值时，经过放电间隙向故障线芯放电。由于故障点具有一定的故障电阻，在电容器放电过程中，此故障电阻相当于一个放电间隙，在放电时将产生机械振动。根据粗测时所确定的位置，用收音器在故障点附近反复听测，找到地面振动最大、声音最大处，即为实际电缆故障点位置。其接线如图 5-8 所示。

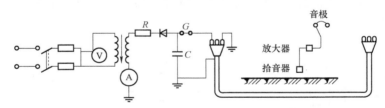

图 5-8　声测法原理接线图

图 5-8 中电容器 C 容量的大小，决定放电时的能量，因为电容器所储能量 $W = CU^2/2$ 式中 U 为所加试验电压，在 6~35kV 电缆的声测试验中，一般为 20~25kV。因此 C 的容量越大，放电时的能量越大，定点时听到的声音也越大，C 一般为 2~10μF，其大小应根据试验设备的容量来确定。放电电压的大小，由放电间隙来控制，一般在试验时，将放电间隙调至一定位置，将放电电压控制在 20~25kV 之间，每隔 3~4s 放电一次即可。但这种放电方式有一定缺点，那就是在放电时放电间隙与故障点的电阻相串联，放电间隙要消耗一部分能量。如果将放电间隙改为每隔 3~4s 瞬间接通一次的高压开关或活动的放电间隙，则减少了放电时放电间隙消耗的能量，增加了故障点放电的能量。在同样设备

容量的条件下，故障点能产生更大的振动。同时还可以任意控制放电电压，适合对各种不同电压等级电缆的试验，而放电时间保持在恒定值，也便于与其他干扰声区别，利于故障点的听测。电缆故障点放电产生的声音信号波形是一个衰减的振荡信号，频率在200～400Hz之间，信号持续时间为几毫秒。

声测时的听测设备基本上可分为两类：一类为直接式，即用各种形式的听棒，直接听测放电时地面振动的声音。有许多的故障甚至在不用听棒，不借助任何听测设备的条件下即可直接用耳朵听到。用直接式设备定点，其灵敏度较差，振动声音小时，无法听到，但其准确度极高，不易发生差错。另一类为间接式，它是由各种形式的拾音器，将故障点放电时的机械振动声音转变为电信号，再经过放大器将电信号放大，由耳机或耳塞听测。这类设备的灵敏度高，能听到用听棒无法听到的故障，但因为其将机械振动转变成电信号后，电信号易受放电时产生的电磁波的干扰。因此，一方面要求听测设备有完善的屏蔽，另一方面还要求听测者善于区分电磁波的放电声和机械振动波的放电声，以免发生错误判断。这类听测设备，闪测仪由探头、音频放大器和耳机组成。

当进行定点时有可能遇到下述情况，应注意避免发生错误判断：

（1）当探头或听测设备屏蔽不好时，不在故障点也能听到放电声，为了区别电磁感应的放电声与机械振动的放电声，可将探头放在手上（离开地面）听测，如仍有放电声，则为电磁感应引起，如无放电声，则探头在地面听到的就是故障点放电的机械振动。

（2）由于接地不好或其他原因，可能在电缆护层和接地部分间发生放电现象，或在电缆裸露部分产生轻微的放电响声，或在电缆的末端发生轻微的放电响声，容易造成错误判断。因此在听测时不能单凭轻微的放电响声，还要确实感到电缆在振动，才能确定故障点的正确位置。

（3）电缆故障点在管道内或大的水泥块下时，可能在故障点两侧听到的声音大于故障点上的声音，应防止发生错误判断。

用声测法听测闪络性故障时，根据闪络电压的高低及放电的情况可将放电间隙取消，直接用高压直流电源进行声测。

（1）当放电电压超过电容器允许的试验值时，应将电容器取消，并可利用另外未发生故障的好电缆或未发生故障的线芯作为储能电容，进行声测；当电缆较长时，也可只利用本故障相的电容。

（2）当闪络电压较低时（如10～20kV），为了提高放电电压，增加放电时的能量，最好利用放电间隙来控制放电电压。

（3）若闪络电压较高，而电缆本身电容量又不足，则可将同容量的电容器串联使用，以提高试验电压，但电容器的外皮应对地绝缘，防止发生对地击穿。

对于金属性的接地故障或接地电阻极低的故障，由于在故障点不能产生间隙性放电，不产生振动，也就无法听到声音，这时应设法将故障电阻烧高，再进行声测定点。

为了便于区别声测的放电声和外来的干扰声，可用两套听测设备由两人同时进行，一人用探头定点，一人用感应线圈接收放电的电磁波信号来核对，当两人同时多次听到放电声时，即可证明所听声音无误。感应法的接收设备也可利用耳聋助听器进行听测，即将其接收开关拨在听电话的一档收到放电信号。当电缆接地电阻较高，在电容器中通过放电间隙向电缆放电时，有可能在电缆故障点并不同时发生击穿放电，而只是电容器向电缆充电，然后再通过故障点漏电，完成再充电、再漏电的过程。故障点不发生放电，因而听不到声音。此时放电间隙放电的特点是放电声音间隔密，且放电声音小（若在多次小的放电声中发生一次大的放电，则表明故障点发生了一次放电）。对于这种故障，应提高放电电压，或将故障电阻烧低后再进行声测。

5.1.3 短路故障定位技术及方法

对于短路故障，由于电流信号比较强，采用各种方式如过流自动分段、重合方式基本能实现对短路故障的自动切除，而对同一条多分段的线路将通过配电自动化方案，对线路开关的过电流值和短路回路断路器跳闸次数进行综合判断，实现故障段的正确判断，并采取隔离措施以保证非故障段正常供电。

（1）集中式 FA。集中式配电自动化模式的馈线自动化通常又称为电流型集中控制模式。根据配网自动化终端采集的馈线故障信息，传送到配网自动化主（子）站，由该站 FA 软件根据网络拓扑结构，集中进行故障分析、诊断和定位，通过远方控制命令完成故障自动隔离和网络优化重构功能。它可以实现馈线自动化分层处理，这种模式需要有快速可靠的通信系统，远方控制模式如图 5-9 所示。

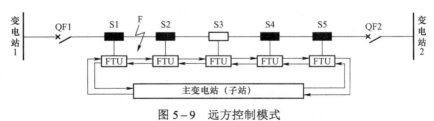

图 5-9 远方控制模式

QF1、QF2 为变电站出线开关，S1、S2、S4、S5 为分段断路器，S3 为联络断路器。当馈线在 S1 和 S2 之间 F 处发生故障时，QF1 保护跳闸，主（子）站软件检测到 QF1 保护动作信号后启动 FA 功能，自动检测 FTU 上送的故障信息，由于故障电流流过断路器 S1 有故障信号，确定故障区域在断路器 S1 及 S2 之间，发遥控命令跳开 S1 及 S2，检测到操作成功后再发遥控命令闭合 QF1 及 S3 重构网络恢复健全区域供电。

集中式需要建立主（子）站、终端、通信系统；终端需要配置不间断电源，一般采用蓄电池，并由蓄电池提供开关分合闸操作的操作电源（24V 或 48V）。其优点是 DA 可以分层处理，建立有主站或子站系统，可实现系统应用功能，故障处理快速可靠，且可以实现优化重构方案，断路器动作次数少，适用各种一次网架结构，识别相间故障、瞬时/永久故障等多种故障类型。缺点是 DA 需要基于可靠通信网，建立快速可靠的通信系统，依赖于建立配网自动化主站（子站），投资较大。

（2）就地式 FA。就地式配电自动化是脱离主站系统的配电自动化功能应用，由开关和开关智能控制器或配电自动化终端构成，就地判断故障点位置并完成故障隔离，不一定进行网络重构，不需要通信。就地控制模式主要有以下三种类型：电压时间型、重合器型、过流脉冲计数的自动分段器型。

1）电压时间型。电压时间型就地控制模式采用电压–时间型开关作为馈线分段器，通过实时监测分段两侧馈线是否失压、并通过时序配合和线路首端开关重合器动作，共同完成故障定位、故障隔离和恢复供电。电压型开关是一种具有两侧失压时自动分闸、电源侧来电时延时合闸功能的单稳态开关，电压时间型就地控制模式如图 5–10 所示。

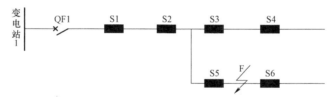

图 5–10　电压时间型就地控制模式

QF1 是变电站出线侧的重合器开关，S1～S6 表示电压型开关，整定合闸时延为 X 时限；故障检测时间为 Y 时限。当开关 S5 和 S6 之间的区域发生故障时，QF1 分闸后，延时 XQ1 时限合闸，之后 S1～S4 依次延时 X 时限后合闸；当 S5 延时 X 时限后合闸，由于在 S5 与 S6 之间发生永久性故障，S5 在 Y 时间内因 QF1 再次跳闸失压闭锁；之后，QF1 延时 XQ2 时限后合闸，S1～S4 依次延时 X 时限后合闸，S5 因闭锁保持分闸状态，从而隔离了故障区段，恢复健全区供电。

电压型开关采用交流操作电源，不需要蓄电池，开关操作可靠，在农网中得到应用。开关多次重合，停电次数增加，对系统有冲击；残压闭锁有死区；造成故障范围扩大；对于多电源的电力环路，难以实现就地网络重构；故障处理时间长，且分段越多时间越长。

2）电压电流时间型。电压电流时间型适用于辐射线路、单联络、多联络的架空以及架缆混合线路，开关为弹簧操动机构或永磁机构。电压电流时间型在电压时间型的基础上增加了对短路电流以及接地电流的判别，遵循得电 X 时限合闸，合闸后 Y 时限内失压且检测到故障电流闭锁分闸的基本逻辑。同时还具备合闸后 Y 时限内未检测到故障电流闭锁分闸的逻辑，从而加快故障隔离的过程。图 5-11 为电压电流时间型故障处理。

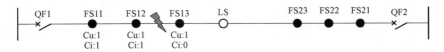

图 5-11　电压电流时间型故障处理

如图 5-11 所示，FS12 与 FS13 之间发生永久故障，其故障处理过程为：

CB1 跳闸，FS11、FS12、FS13 失压计数 1 次，FS11、FS12 过流计数 1 次；

CB1 一次重合失败，FS11、FS12、F13 失压计数 2 次，FS11、FS12 过流计数 2 次。因失压计数到 2 次，FS11、FS12、FS13 均分闸；

QF1 二次重合，经合闸闭锁时间 X（大于 CB1 一次重合闸时间），FS11 合闸，并经故障确认时间 Y（一般为 $X-0.5$），FS11 闭锁；

FS11 合闸后经 X 时间，FS12 合闸于故障，CB1 跳闸，在 Y 时间内 FS12 检失压分闸并闭锁，FS13 在 X 时间内检残压闭锁；

QF1 三次重合成功，非故障路径的其他分段器，因过流计数为 0，即使失压计数到 2 次也不分闸。

电压电流时间型不依赖于通信和主站，实现故障就地定位和就地隔离，瞬时故障和永久故障恢复均较快，且能提供用于瞬时故障区间判断的故障信息。但是，需要变电站出线断路器配置三次重合闸；如果只能配置两次，那么瞬时故障按照永久故障处理；如果只能配置一次，需要站外首级开关采用重合器，并配置三次重合闸。同时，非故障路径的用户也会感受多次停复电。

现场实施需要注意的是：若运行单位希望线路具备快速恢复瞬时性故障的功能，变电站出线开关宜具备三次重合闸功能；若变电站出线开关只配置一次重合闸，首段开关来电合闸 X 时限需大于变电站出线开关的重合闸充电时间。分界开关选用断路器，选用二遥动作型终端，设置速断保护，与变电站出线过流保护有级差配合关系，当用户侧发生故障时，由分界开关自行快速隔离故障。分段开关在反向供电时，自动适应接地故障判别方向逻辑。电压电流计数型和电压电流计时型因动作时序逻辑不同，不能在同一线路上混用。

（3）自适应综合型。自适应综合型适用于辐射型、单联络或少联络的架空、架混或电缆线路，应用于多联络线路时，联络开关应退出自动转供改为手动或遥控操作。

自适应综合型的布点原则为：变电站出线开关到联络点的干线分段及联络开关，均可采用电压时间型成套开关作为分段器，一条干线的分段开关宜不超过 3 个；对于大分支线路原则上仅安装一级开关，配置与主干线相同开关；对于架混、电缆线路的环网柜单元，按照单元间隔配置电压时间型终端设备。故障处理过程如下：

FS2 和 FS3 之间发生永久故障，FS1、FS2 检测故障电流并记忆。自适应综合型处理第一步如图 5－12 所示。

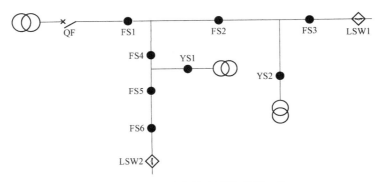

图 5－12 自适应综合型处理第一步

其中，QF 为带时限保护和二次重合闸功能的 10kV 馈线出线断路器；FS1～FS6/LSW1、LSW2 为 UIT 型智能负荷分段开关/联络开关；YS1～YS2 为用户分界开关。

1）QF 保护跳闸。

自适应综合型处理第二步如图 5－13 所示。

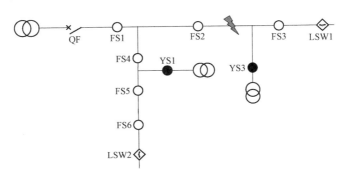

图 5－13 自适应综合型处理第二步

2）QF 在 2s 后第一次重合闸。

自适应综合型处理第三步如图 5－14 所示。

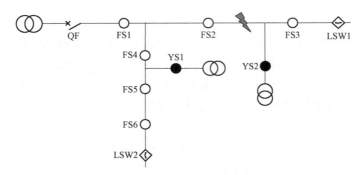

图 5-14　自适应综合型处理第三步

3）FS1 一侧有压且有故障电流记忆，延时 7s 合闸。

自适应综合型处理第四步如图 5-15 所示。

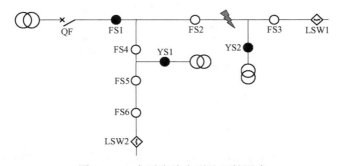

图 5-15　自适应综合型处理第四步

FS2 一侧有压且有故障电流记忆，延时 7s 合闸，FS4 一侧有压但无故障电流记忆，启动长延时 7+50s（等待故障线路隔离完成，按照最长时间估算，主干线最多四个开关考虑一级转供带四个开关）。自适应综合型处理第五步如图 5-16 所示。

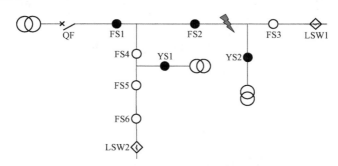

图 5-16　自适应综合型处理第五步

由于是永久故障，QF 再次跳闸，FS2 失压分闸并闭锁合闸，FS3 因短时来电闭锁合闸。自适应综合型处理第六步如图 5-17 所示。

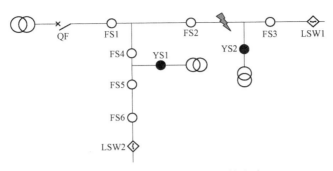

图 5-17　自适应综合型处理第六步

QF 二次重合，FS1、FS4、FS5、FS6 依次延时合闸，自适应综合型处理第
七步如图 5-18 所示。

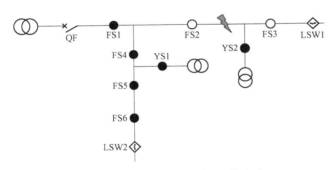

图 5-18　自适应综合型处理第七步

现场实施需要注意的是：考虑到大部分线路的网架结构都采用多分段多联
络，且大部分联络开关的负荷裕度不足于实现负荷转供，因此就地型馈线自动
化主要完成故障的定位和隔离，故障点负荷侧转供由人工实现。建设时应将联
络开关投分段模式且确保开关处在分闸位置，避免因多个联络开关自动转供电
导致合环。通过检测瞬时残压实现反向合闸闭锁时，瞬时残压需满足一定条件，
如电压值大于 30%Ue，且持续时间大于 100ms。但瞬时残压大小受短路点位置、
PT 接线方式和短路点过渡电阻大小的影响，极端情况下故障区段负荷侧的开关
可能无法可靠闭锁。

（4）智能分布式。智能分布式馈线自动化（简称智能分布式 FA），由配电
终端通过相互通信自动实现馈线的故障定位、隔离和非故障区域恢复供电的功
能，可将处理过程及结果上报配电自动化主站。

以架空电缆混合线路为例，图中 CB1、CB2 为出口断路器，FS1～FS8 为配电架空线及环网柜断路器，LSW1 为联络开关。设永久故障发生在 FS2\FS3\FS5 之间，如图 5−19 所示。

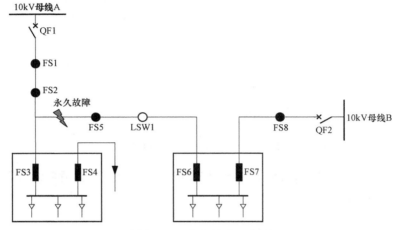

图 5−19　永久故障示意图

智能分布 FA 故障处理过程如下：

FS2 开关通过与 FS1\FS3\FS5 的配电终端通信，判断出故障发生在 FS2\FS3\FS5 之间，FS2 先跳闸，如图 5−20 所示。

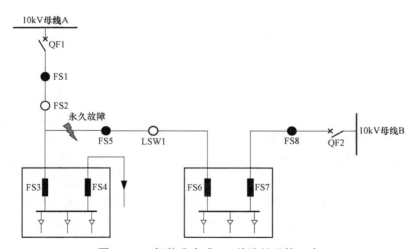

图 5−20　智能分布式 FA 故障处理第一步

FS2 开关经过延时，自动重合，重合于永久故障再次跳闸，同时 FS3 和 FS5 跳闸，故障点隔离成功，如图 5−21 所示。

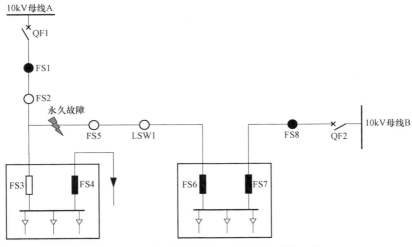

图 5－21 智能分布式 FA 故障处理第二步

故障点隔离成功后，合闸联络开关 LSW1，恢复非故障区供电，如图 5－22 所示。

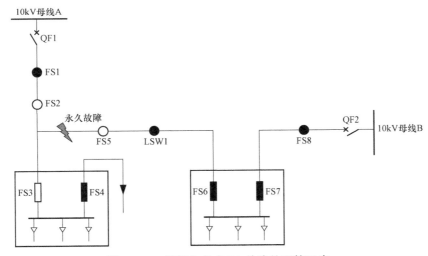

图 5－22 智能分布式 FA 故障处理第三步

智能分布式 FA 布点原则为开闭所、环网柜、配电室安装成套具备分布式 FA 功能的站所终端，实现电缆主干线进出线故障的快速定位、隔离，控制联络开关实现非故障区域的快速恢复；具备条件时，分布式 FA 终端可控制配电站所内的馈线开关，无级差处理馈线故障，避免主干线停电；柱上分段、联络开关及主要分支、分界开关，配置分布式 FA 功能的馈线终端，实现架空线路主干线、分支线路故障的快速定位、隔离，控制联络开关实现非故障区域的快速恢复。

智能分布式馈线自动化主要分为两种实现模式，速动型分布式馈线自动化和缓动型分布式馈线自动化。速动型分布式馈线自动化应用于配电线路分段开关、联络开关为断路器的线路上，配电终端通过高速通信网络，与同一供电环路内相邻配电终端实现信息交互，当配电线路上发生故障，在变电站/开关站出口断路器保护动作前实现快速故障定位、隔离，并实现非故障区域的恢复供电。缓动型分布式馈线自动化应用于配电线路分段开关、联络开关为负荷开关的线路上。配电终端与同一供电环路内相邻配电终端实现信息交互，当配电线路上发生故障，在变电站/开关站出口断路器保护动作切除故障后，实现故障定位、隔离和非故障区域的恢复供电。

智能分布式馈线自动化由配网继电保护管理部门完成各配电终端 FA 故障动作参数的计算校验，同时向 FA 终端与配电主站运行部门出具参数整定通知书，递交配网调控部门、配电主站运维部门和终端运行部门，供调控部门与主站运维部门存档；在变动部分设备投运前，完成动作整定参数、拓扑参数的现场调整和包含"现场二次回路—配电主站"整组传动测试的交接试验后，并做好定值整定执行记录后存档。

分布式馈线自动化处理完成后，应及时排除故障，尽快恢复正常运行状态，注意防止负荷变化引起过线路或设备过负荷。配电终端的采集、控制和故障处理功能相关参数的计算整定、现场设定、交接试验应纳入所在配电线路继电保护装置的一体化管理范围。其整定参数的计算、整定、下达、执行应纳入所在线路继电保护整定通知书中一并管理。完成现场二次回路到配电主站的 FA 功能传动试验并汇报当值调控员后方可投运。

5.1.4 断线故障定位技术及方法

1. 巡线法

目前配电网运行环境复杂，在发生线路断线故障后给线路故障定位工作带来了难处。故障查找人员沿线巡视，目测查找断线故障点，通过人工巡线方式观察线路是否断线，故障查找时间过长、效率低。

2. 综合分析法

（1）单相断线故障定位方法。根据配网线路单相断线与单相断线加接地故障后故障点两侧电压变化特征，实现线路断线故障定位。

线路断线后故障点两侧的相电压变化情况不同，两侧零序电压变化有各自的夜店，因此可将线路分成几个区段，每个线路节点处装设电压监视装置或带开口三角形的 TV，当断线故障发生后，采集每个线路节点的相电压或零序电压，上传至变电站，如果含有两个相邻节点的相电压或零序电压变化情况不同，那这两个线路节点之间的区段即为故障区段，实现故障定位。

对于单相断线加电源侧接地故障，其断线故障点两侧电压变化特征与单相断线故障不同，相电压与 TV 开口三角形电压特征如下：故障后电源侧故障相电压降为零，其他两非故障相电压相等且升至故障前线电压，负荷侧故障相电压升高为故障前相电压的 1.5 倍，其他两非故障相电压相等且升高至故障前的线电压水平；电源侧零序电压等于故障前相电压，负荷侧零序电压为故障前相电压的 1.5 倍，由此可知电压侧 TV 开口三角电压为 100V，负荷侧 TV 开口三角电压为 150V。以此实现断线故障定位。

对于单相断线加负荷侧接地故障，其断线故障点两侧相电压与 TV 开口三角形电压特征如下：故障后电源侧故障相电压升高为故障前相电压的 1.5 倍，其他两非故障相电压相等大小下降为故障前相电压的 $\sqrt{3}/2$ 倍，负荷侧故障相电压降为零，其他两非故障相电压相等且降低至故障前的相电压的 $\sqrt{3}/2$ 倍；电源侧零序电压为故障前相电压的 0.5 倍，负荷侧零序电压零，由此可知电压侧 TV 开口三角电压为 50V，负荷侧 TV 开口三角电压为 0V。以此实现断线故障定位。

（2）多相断线故障定位方法。根据配网线路多相断线及接地复杂故障后断线故障点两侧各相电压和零序电压的变化特征，实现线路多相断线故障定位。

对于两相断线故障，断线故障点两侧电压变化特征如下：电源侧两故障相电压相等且升高，最高升至故障前线电压，其他一相电压降低，最低降至零，负荷侧三相电压相等，最小降低至零；电源侧零序电压增大，最大等于故障前相电压；负荷侧零序电压也增大，最大等于故障前相电压，但两者不相等。若断线前三相对地电容相等，则 B、C 相断线后电压方向相反，开口三角电压之和为 100V，电源侧与负荷侧 TV 开口三角电压均小于 100V，其大小的具体分配取决于故障发生位置。当末端断线时，电源侧 TV 开口三角电压接近零，负荷侧 TV 开口三角电压接近 100V。始端断线时，电源侧 TV 开口三角电压接近 100V，负荷侧 TV 开口三角电压接近零。

对于两相断线加电源侧一相接地故障，断线故障点两侧电压变化特征如下：电源侧接地相电压变为零，其他两相升至故障前线电压，负荷侧三相电压等于故障前线电压；电源侧零序电压等于故障前相电压，负荷侧零序电压等于故障前线电压，电源侧 TV 开口三角电压为 100V，负荷侧 TV 开口三角电压为 173V。

对于两相断线加负荷侧接地故障，断线故障点两侧电压变化特征如下：电源侧故障电压降为零，其余两相升至故障前线电压。负荷侧三相电压均降至零；电源侧零序电压等于故障前相电压，负荷侧无零序电压，电源侧 TV 开口三角电压为 100V，负荷侧 TV 开口三角电压为零。

对于三相断线故障，断线故障点两侧电压变化特征如下：电源侧各相电压不变，与故障前相电压相等，负荷侧各相电压降为零；电源侧与负荷侧零序电压均为零。

采用分段采集电压的方法，观察发现若有相邻两节点采集的相电压变化趋势不同，则这两个节点之间为故障区域，实现断线故障定位；根据相邻两节点 TV 开口三角电压值来定位故障，同时根据故障点电源侧的相电压变化特征或 TV 开口三角电压值判断断线故障类型。

5.2 故障定位实例

5.2.1 单相接地故障定位案例

故障定位技术典型案例 1 如表 5-1 所示。

表 5-1 故障定位技术典型案例 1

故障发生时间	2016 年 4 月 29 日 6 时	故障发生地点	湖南省湘潭市
定位技术类别	电缆线路脉冲定位技术		
定位技术名称	波反射电缆故障定位技术		
应对故障类型	该技术主要应对各型电力电缆故障的定位，包含电力电缆的低阻、高阻接地、高阻短路、高阻泄漏、闪络、断线等各类故障		
定位技术原理	波反射电缆故障定位系统主要通过脉冲法、声磁时间差法来实现电缆故障的精确定位。首先使用低压脉冲法，用波反射仪释放一个低压脉冲，形成完好轨迹，生成参考波形。再利用高压电容器放电，使电缆故障点发生闪络，稳弧器触发低压脉冲，在故障点反射信号，形成故障波形。将故障波形与参考波形进行叠加比对，通过分叉点判断故障点位置，得出故障点距离。然后通过利用声磁时间差法的移动定点仪找出精确位置。移动定点仪是利用声磁传播速度不同，定点仪先后接收到脉冲磁场信号和放电声音信号，并自动在屏幕显示出时间差值，实现精确定点。移动定点仪器传感器，捕捉信号时间差最小信号和最强闪络声音，确定故障点。原理详述如下： （1）低压脉冲法。在测试时，在测试段向电缆输入一个低压脉冲信号，该脉冲信号沿着电缆传播，当遇到电缆中的阻抗不匹配点，会产生折反射，反射波传播回测试端，被仪器记录下来，利用测试公式 $L = V \cdot \Delta t / 2$（V 就是电磁波在电缆中传播的速度简称波速度）即可计算出阻抗不匹配点距测试端的距离 L 的数值。理论分析表明，波速度只与电缆的绝缘介质材质有关，而与电缆的线径、线芯材料以及绝缘厚度等几乎无关。 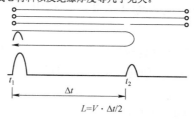 $L = V \cdot \Delta t / 2$		

定位技术原理	（2）高压脉冲法（脉冲电流法）。将故障点用高电压击穿，用波反射仪记录下故障点击穿后产生的电流行波信号，根据测量脉冲信号在测量端与故障点往返一次所需的时间差Δt，根据公式 $L=V\cdot\Delta t/2$ 计算出距离的方法。 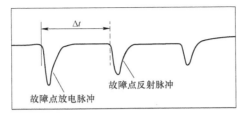 （3）高压脉冲法（二次脉冲法）。向故障电缆注入一个低压脉冲信号，记录下此时低压脉冲反射波形（即全长参考波形）。对高阻或闪络性故障电缆施加高压脉冲，使故障点击穿放电。击穿瞬间，高阻变成低阻故障。波反射向故障电缆发射一个低压脉冲信号，记录下此时的低阻反射波形（即故障波形）。将两者波形进行比较，分叉点就是故障点的距离 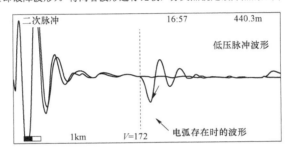
技术装备	电缆故障定位系统： （1）波反射法电缆故障定位仪（使用波反射法进行故障预定位）。 相关参数： 低压脉冲输出电压：60V； 脉冲宽度：40ns、100ns、200ns、500ns、1μs、2μs、5μs、10μs； 采样频率：200MHz；定位误差：±0.4m（$v=160$m/μs）；最长可测电缆：50km（$V=160$m/μs） （2）电缆故障定位电源（配合波反射仪稳定弧反射法，脉冲高压） 相关参数： 输出电压：0～30kV连续可调；最大烧穿电流：1000mA；放电电容：4F； 单次最大放电能量：1800J （3）电缆故障定点仪（故障精确定点） 声磁同步法精确定点精度：电缆深度的10%；电磁法精确定点精度：电缆深度的50%；路径定位精度：电缆深度的10%；跨步电压法，粗测定位外护套缺陷的精度10cm。 功能特点： （1）集电缆故障预定位与精确定位于一体的系统，采用目前先进的稳定弧反射与声磁同步技术，故障定位准确，波形简单，操作安全等特点，识别度高。 （2）主要适用于配网电缆线路，对高阻型，间歇型，泄漏型，闪络型主绝缘故障定位非常有效

	应用实例
基本概况描述	（1）线路情况：2016年4月29日6时10kV邮水线发生电流Ⅰ段故障跳闸，经过分段试送，确认故障点为变电站出线电缆，该故障电缆为10kV 三芯铜电缆（YJV22－3×300 型），长约2km。随即技术人员赶到现场对故障电缆进行精确定位。 （2）现场使用仪器：电缆故障定位系统，绝缘电阻表一只，万用表一只。 （3）查找前准备：试验人员确认线路停电及被测电缆两端已经解开，接地辫在变电站处接地。

（4）查找过程。

第一步：判断故障性质。

29 日 9:10 试验人员首先使用摇表测试三项线芯的对地阻值，红相对地无穷大，绿相对地阻值 1.2MΩ，黄相对地阻值 0.45MΩ。初步判断，红色相为好相，绿、黄相为故障相。

第二步：故障预定位。

1）使用波反射仪，用低压脉冲法对三相分别测量得到以下数据：红相全长 1879m，黄、绿两项测试全长为 50m（可能为断线）。根据数据初步判断：红色相可能是电缆全长，也有可能是在 1879m 处断线，同样黄、绿两项可能为 50m 处断线。

2）使用故障定位系统进行预定位验证是否真正断线，高压输出夹子接故障相，黑夹子接铜瓣并接地，仪器保护接地。然后将调整到稳定弧反射法模式，开始升压，当电压升到 25kV 时，绿相稳定弧反射测试结果：无法判断故障点；黄相稳定弧反射测试结果：无法判断故障点。结论：通过使用稳定弧反射法，判断可能由于电流过大击穿后，绝缘层变长，无法得到弧反射波形。

试验人员到对端即变电站得知，中间做接头时，换过相，所以先将其中一相对地短接，摇绝缘匹配后，两相短接的方法判断变电站每相对应相位。随即试验人员解开接头，依次摇绝缘后，使用低压脉冲法依次测量，得到波形如下：变电站黄相对应对端电杆上红相，变电站黄相低压脉冲法测得全长为 1881m，同对端电杆上红相测得的全场基本一致，同样绝缘无穷大，所以判断红相为好相，全长为 1880m。坏的两相低压脉冲法测得的波形（全长或断线在离变电站 1829m 处）以此，可以判断电缆全长为 1880m，其中一相为好相，其他两相为断线故障，故障离电杆处约为 50m。

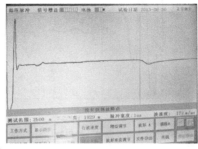

第三步：电缆路径查找。

由于运维人员掌握电缆走向，所以不需要重新进行电缆路径查找。

第四步：精确定点。

10:20 分一组人员在变电站使电缆故障定位电源，加脉冲电压；另一组人员携带定位仪通过步行计算来到离电杆 50m 处即预判的故障点处，开始精确定点。10:30 分通过声磁时间差法定位仪在附近桥墩处，听到清脆的周期放电声，而且时间差只有 8ms，基本趋于稳定，判断故障点就在此位置。

（5）故障处理：经过现场开挖成功找到故障点，发现该故障电缆其中 2 相已断线且为高阻接地故障。随即运维人员对故障电缆进行了修复，并于 4 月 29 日 16 时恢复送电。

电缆故障点位置

基本概况描述

基本概况 描述	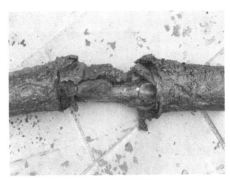 电缆故障点情况
安装和操作的步骤和流程	电缆故障测试步骤 判断故障性质 ↓ 故障预定位 ↓ 电缆路径查找 ↓ 故障精确定点 一、判断故障性质 使用摇表、万用表进行绝缘电阻测试。 （1）$R < 200\Omega$ 为低阻故障，使用波反射仪（低压脉冲法）。 （2）$200\Omega < R < \infty$ 为高阻故障，使用波反射仪和高压单元（稳定弧反射电源）$R = \infty$ 为断线故障或为好相，使用低压脉冲法测全长与实际电缆全长比较。 二、故障预定位 （1）低阻故障查找方式。  4. 高压线黑色夹子接屏蔽层 2. 高压单元机器保护地 3. 高压线红色夹子接故障线芯 1. 高压线保护地 接线时先接地，收线时最后接地 低阻故障查找接线方式图

131

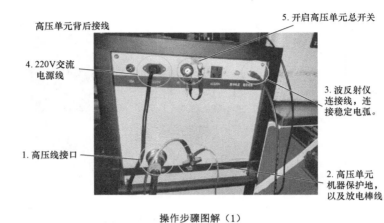

高压单元背后接线

5. 开启高压单元总开关

4. 220V交流
电源线

3. 波反射仪
连接线，连
接稳定电弧。

1. 高压线接口

2. 高压单元
机器保护地，
以及放电棒线

操作步骤图解（1）

安装和操
作的步骤
和流程

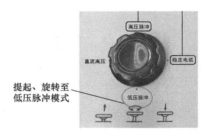

高压脉冲

直流高压

稳定电弧

提起、旋转至
低压脉冲模式

低压脉冲

操作步骤图解（2）

完成接线后，步骤1：将 WL50 工作方式切换到低压脉冲方式；步骤2：根据现场测试电缆长度调节显示范围，比如长度为 L（m），那么显示范围调到 $L×1.2$（m）；步骤3：调节电缆波速度；步骤4：按"波形 A"；步骤5：按 L1-L2，即单次触发键。

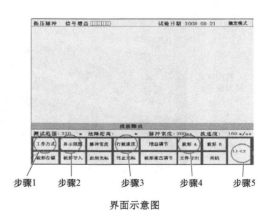

步骤1 步骤2 步骤3 步骤4 步骤5

界面示意图

根据波形图进行判断：

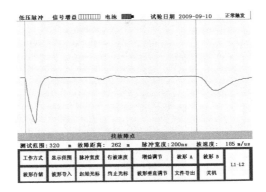

电缆断线、全长波形（全长波形采集之后需要进行高压击穿波形的采集）。

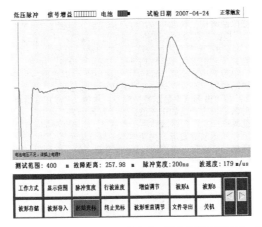

电缆低阻故障、中间短路波形（如果出现该波形，则为实际故障波形，直接加压定点）

（2）高阻故障查找方式。

安装和操作的步骤和流程

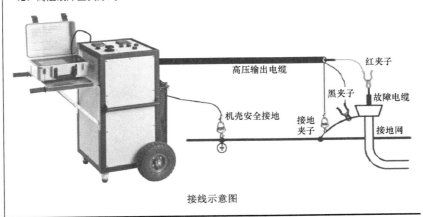

接线示意图

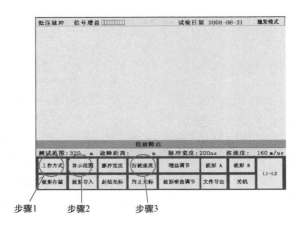

步骤1　　　步骤2　　　　　步骤3

与低阻故障测试接线一致，完成接线后，步骤1：将WL50工作方式切换到稳定电弧方式；步骤2：根据现场测试电缆长度调节显示范围，比如长度为 L（m），那么显示范围调到 $L×1.2$（m）；步骤3：调节电缆波速度（与低阻故障测试方式一致）；步骤4：将电缆故障定位电源功能转换开关完全提起，旋转到"低压脉冲"位置，压下。按"波形A"，再按"▲键"即单次触发，记录下当前波形。然后按"波形B"保存当前波形做参考波形；步骤5：将电缆故障定位电源功能转换开关完全提起，旋转到"稳定电弧"位置，压下。将放电方式设置为"单次"；步骤6：按"波形A"显示等待触发；步骤7：打开电缆故障定位电源的电源开关，调节"升压"旋钮，设定合适的电压值，按"脉冲触发"按钮，电缆故障定位电源产生高压脉冲对故障电缆放电一次，击穿故障点；步骤8：放电脉冲同时触发WL50，WL50即自动发送低压脉冲记录并显示故障波形。关断电缆故障定位电源的电源开关，并对电缆放电。若发现测试波形不理想，可重复上述步骤（5）和步骤（6），直到记录下满意的波形为止；步骤9：移动光标标定电缆故障距离。

安装和操作的步骤和流程

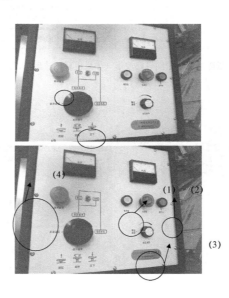

安装和操作的步骤和流程	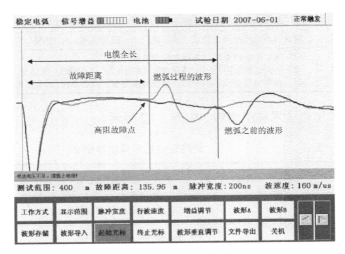 电缆故障距离判断示意图 三、路径查找与确定 　　若故障电缆路径已知，则进行下部分故障精确定点。若故障电缆路径不清，则需使用专业电缆查找设备或人工摸排等方式确定电缆路径。 四、故障精确定点 （1）连接型号接收器和耳机； （2）旋转"设置/确认"旋扭选择"声磁测量"功能，压下进入界面； （3）打开电缆故障定位电源，提起模式选择"高压脉冲"，按下电源合，按下高压合，旋转电压调节按钮到15kV左右。"稳定电弧"处拨至"周期"； （4）将传感器放平，根据粗测的电缆故障距离，估算好位置后听点。通过声磁差值越小，以及清晰放电声，判断精确故障点。 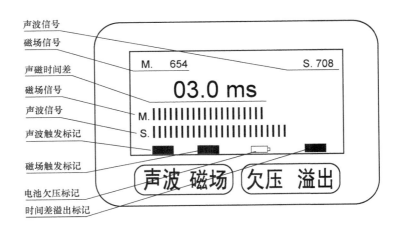

效果评估	该技术投入应用以后效果明显，很好地解决了电缆故障查找困难的问题，特别是对于直埋、路径复杂、开挖难度大的电缆，可以极大提高故障查找效率，减少故障查找时间。避免了通过开挖的方式查找故障，减少了人力、财力的浪费，避免了施工冲突，极大减小了施工恢复难度，显著提高了供电可靠性
改进建议	建议减小电缆故障定位系统重量及尺寸，现场检测定位更便利
适用范围	（1）适用配电网电缆的各种主绝缘故障定位。 （2）可快速准确定位低阻、高阻接地、高阻短路、高阻泄漏、闪络型、断线等各种电缆故障。 （3）根据电缆故障预定位结合设备精确定位，可在 0.1m 的范围内指出故障点位置

故障定位技术典型案例 2 如表 5－2 所示。

表 5－2　　　　　　　　故障定位技术典型案例 2

故障发生时间	2015 年 4 月 20 日 9 时	故障发生地点	湖南省岳阳市
定位技术类别	架空线路超低频定位技术		
定位技术名称	架空线故障超低频信号定位技术		
应对故障类型	可应对架空线单相金属性接地故障；经消弧线圈接地，过渡电阻接地等多种故障；如：树枝接地，避雷器、绝缘子等隐蔽性故障。且不受混合线路及分支线影响，避免了系统分布电容的干扰。		
定位技术原理	利用超低频信号对故障进行重现的原理来判断故障方位。在故障线路停运后，由发射机向线路施加电压产生超低频信号，使故障重现。电流由发射机发出，流经故障线路，在接地点入地并通过大地返回发射机。接收机在故障点前有信号，故障点后无信号，以此类推，用二分法快速定位故障点具体位置		
技术装备	架空线路故障定位系统。 原理：超低频信号故障重现技术。 相关参数： （1）工作环境：－10～40℃，湿度 5%～90%RH，海拔小于 4500m； （2）开路电压：8kV（为 10kV 线路的相电压峰值）； （3）短路电流：100mA； （4）输出频率：1Hz； （5）功率：最高功率 900W； （6）定位精度：0.2m； （7）传感器通信距离：不小于 30m； （8）系统自带电源，锂电池供电，无需外接电源 		

	应用实例
基本概况 描述	4 月 20 日 10kV 黎王 I 回 318 线 B 相接地故障查找，用时 1h。过程：20 日 09 时 10 分运行人员接调度通知 10kV 黎王 I 回 318 线 B 相有持续接地信号，运行人员首先拉开后端 102 号杆分段断路器，仍有接地信号；继续拉开 010 号杆分段断路器，接地故障消失，确认接地故障发生在 010 号杆～102 号杆之间。随即巡视人员使用架空线故障定位仪，对线路采用二分法进行故障查找。由于黎王 I 回线 010 号杆～102 号杆之间线路跨越山区多，车辆大部分区域难以到达。基于二分法和车辆易于到达的原则，第一个检测点选在此段线路靠中间的 053 号杆位置，10 时 15 分测量人员到达第一测量点 053 号杆，在 053 号杆进行设备安装后开始测量，经数据测量 053 号杆至小号侧方向数据是（A：5；B：3.1；C：4.3），至大号测方向数据是（A：4.3；B：45.2；C：4.1），判断接地点为 053 号杆至大号侧测方向段；10 时 45 分，选取第二测量点 072 号杆，该位置为 053 号杆～102 号杆开关的中段位置，经数据测量 072 号杆至小号侧方向数据是（A：4.4；B：4.7；C：4.2），至大号侧方向数据是（A：4.4；B：44.7；C：4.2），判断接地点仍为 072 号杆至大号侧方向段；11 时 10 分至第三测量点 083 号杆，经测量，083号杆至小号侧方向数据是（A：4.8；B：44.9；C：4.8），至大号侧方向数据是（A：5；B：3.6；C：4.8），判断接地点为 083 号杆至小号侧方向段。结合以上数据分析，判断接地故障点应位于 072 号杆～083 号杆段之间。随即巡视人员分两组从 083 号杆、072 号杆两个方向开始同步巡视，11 时 40 分，巡至 077 号杆时，发现 B 相下火避雷器异常，登杆检查后发现 077 号杆下火 B 相避雷器从底座 2cm 向上部分全部击穿，整体结构 80% 均已碳化，拆下后避雷器上半部分基本是碳化结构粉碎状。巡视其他设备未发现明显障点，因此确认该处即为故障点。对该避雷器进行更换后，15 点 30 分黎王 I 回线试送成功。本次故障查找时间，从人员就位到发现故障设备总共只耗 1h 左右；相较传统方式，人员对杆塔进行逐基巡视，加上该段线路跨越山区较多，预计至少需要整整 1 天。可见利用该项故障定位技术，大幅度节约了时间和人力物力，提高工作效率。   　　　现场测试数据图　　　　　　　　　　现场仪器使用图
基本概况 描述	 设备现场展示图

安装和操作的步骤和流程	配电网单相接地故障检测装置的实际操作流程：在不清楚故障点具体位置的时候，在故障线路上选一个合适的位置（如中段），将设备就地安装，将接地桩钉入地面 0.6m，连接好仪器的接地线，确定两头牢固；将三组操作杆相互用导流线短接，并连接至主信号线，登杆验电，确定线路停电后，将三组操作杆悬挂至导线裸露部分，确定连接牢靠；主机开机自检，完成自检后选择"输出异频电流"，通过电流调节旋钮，将输出电流稳定在 50mA，调节频率旋钮，频率在数字 0Hz 附近；使用绝缘杆连接的钳形测量仪分别测量架空线每相的两侧，观察接收器数值信息；若是单相接地故障，则以信号接入点为分界，三相导线两侧共六个测点应有 5 个数值偏小（小于 5mA），一个数值偏大（40mA）以上，则可判定，接地故障在延此侧方向；延伸此方向至新的中段位置继续测量，此时根据测量数值判断，其中依然较大数值（40mA 以上）判断为故障侧，通过这样不断地检测缩小故障范围，最终确定接地位置。接线及查找方式示意图如图所示。 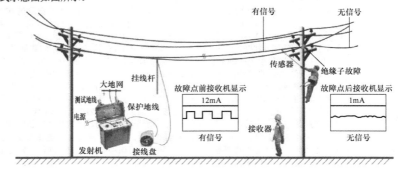 接线及查找方式示意图
效果评估	架空线路故障定位系统解决了接地故障查找困难的问题，特别是对于线路长、地理环境差、人员到达困难的线路，可以极大地提高故障查找效率，减少故障查找时间。将接地故障的查找时间从原来的 15h 缩短到 1～2h，大大地提高了工作效率，减少了人力的浪费，提高了供电可靠性。同时操作人员大量减少了逐基杆检查的登高坠落风险及触电风险，远离高压带电部分，保障了故障巡视人员的人身安全
改进建议	建议架空线路故障定位系统配合线路故障指示器使用，提高故障查找效率。
适用范围	（1）适用架空线路金属性接地故障的查找。 （2）故障定位有效范围 30km 以内。 （3）对 10kV 架空线路存在分支，并且为分支的接地故障，同样有效。 （4）若线路存在 10kV 电缆（即混合线路），可以排查是线路问题还是电缆问题。 （5）发射机与接收机需接触导线主线回路，需登杆操作或使用加长令克棒操作

　　故障定位技术典型案例 3 如表 5-3 所示。

表 5-3　　　　　　　　　故障定位技术典型案例 3

故障发生时间	2015 年 4 月 3 日	故障发生地点	福建省泉州市
定位技术类别	电缆线路基于暂态分量的配电网单相接地故障定位技术		
定位技术名称	暂态分量法		
应对故障类型	适用于中性点不接地或中性点经消弧线圈接地系统的单相接地故障选线、定位。		

该方法同步实现故障选线和故障区段定位。首先，根据零序电压变化启动，实现故障选线，并将带有时间标签的故障线路出口暂态功率方向、暂态电流录波数据以及工频电压等信息上报主站。具备接有三相/零序/特定线电压的检测点，计算暂态功率方向，并将带有时间标签的故障方向、暂态电流录波数据等信息上报主站，无三相/零序/特定线电压的检测点根据暂态电流变化启动，并将带有时间标签的暂态电流录波数据等信息上报主站。根据选线装置和故障线路检测点信息，综合利用暂态功率方向和电流相似性原理确定故障区段。原理详述如下：

1. 综合暂态与工频信息的电流极性比较法、功率方向法实现故障选线

（1）暂态与工频信息的电流极性比较法。某出线与其他任一出线间的暂态电流极性关系与工频电压极性关系不一致则为故障线路；如果任意两条出线的暂态电流极性关系与工频电流极性关系均一致，则为母线接地。该方法要求有 3 条及以上出线。

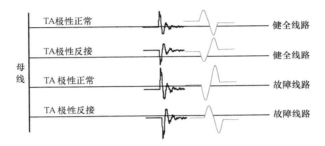

（2）暂态与工频信息的功率方向法。某出线的暂态功率与工频功率流向不一致则为故障线路，一致则为健全线路；如果所有出线的暂态功率与工频功率流向均一致，则为母线接地。

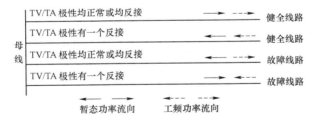

综合暂态与工频信息的电流极性比较法、功率方向法均能不依赖于 TV/TA 接线的极性是否正常选定故障线路。

2. 暂态功率方向和电流相似性综合定位方法实现故障区段定位

（1）暂态功率方向定位方法。定义暂态无功功率 Q_k 为特征频段内电压 $u_0(t)$ 的导数与电流 $i_0(t)$ 对应的平均功率 $Q_k = \frac{1}{T}\int_0^T i_0(t)\mathrm{d}u_0(t)$。$Q_k < 0$ 表明暂态无功功率流向母线，$Q_k > 0$ 则表明流向线路。故障区段的判据为：故障区段两侧的暂态（无功）功率流向相反，即两侧的 Q_k 极性相反。

（2）基于电流相似性的故障定位方法。计算两个相邻检测点暂态零模电流 $i_{0,k}(t)$，$i_{0,k+1}(t)$ 之间相似系数 $\rho_{k,k+1}$ 时，需要对其中一个信号进行适度偏移，得到一系列的相关系数，并取其中绝对值最大值作为其相似系数。即

$$\rho_{k,k+1} = \mathop{Max}_{\tau\in[-T_t,T_t]}(|\rho_{k,k+1}(\tau)|) = \mathop{Max}_{\tau\in[-T_t,T_t]} \frac{\left|\int_0^T i_{0,k}(t)i_{0,k+1}(t+\tau)\,dt\right|}{\sqrt{\int_0^T i_{0,k}^2(t)dt\int_0^T i_{0,k+1}^2(t)\,dt}}$$

若该值小于预设门槛值，认为这两个检测点暂态电流不相似，判断其为故障区段；否则为健全区段。

暂态功率方向方法的定位可靠性大于暂态电流相似性方法，但前者仅适用于部分检测点，而后者适用所有检测点。因此，可以根据故障线路上各检测点获得电压信号的状况，综合利用暂态功率方向和暂态电流相似性信息确定故障区段。即：① 利用具备计算暂态功率方向条件的各检测点的故障方向信息，确定故障所在的大区段（可能包含有一个或多个不具备计算暂态功率方向条件的 STU）；② 在大区段内，利用各 STU 间暂态电流相似性关系确定故障具体区段

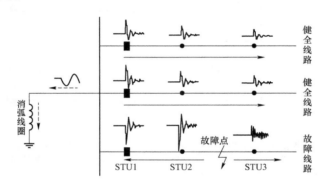

基于暂态分量的单相接地故障定位系统包括站内选线装置、馈线终端 STU 和主站系统。

1. 站内选线装置

相关参数

采集路数：不少于 40 路模拟信号，即 8 路电压信号和 32 路零序电流信号；

采样频率：每个周波采样 144 个点，每次故障记录 1024 个点，其中故障前的 180 个点，故障后 864 个点。

2. 馈线终端

相关参数

启动方式：采样信号与启动门槛值相比较，当采样窗口的所有采样点存在连续三个采样点中有两个采样点的幅值大于装置启动的门槛值的情况时，则装置启动、记录故障数据；否则，装置不启动，继续对系统中的零序电流信号进行采样。

采样频率：每个周波采样 64 个点。

3. 主站系统

工作流程。线路中发生小电流接地故障时，线路馈线终端根据零序电流信号启动，记录各检测点一个周波的零序电流信号，并将带有时间标签的故障数据上报至定位主站；选线装置根据母线处零序电压启动，当零序电压达到装置启动门槛值时，启动装置，并记录母线处零序电压以及各条馈线母线出口处的零序电流信号、故障持续时间、故障发生时间、故障线路、故障相等故障数据，并将故障数据作相应的转化上报至定位主站；定位主站负责接收选线装置和馈线终端上报的故障数据，并根据故障数据进行故障区段定位

定位技术原理

技术装备

应用实例

（1）线路情况：2015 年 4 月 29 日 12 时 09 分，110kV 万安变电站安泰线 2 号环网柜 922 出线发生单相接地故障，万安变电站 10kV Ⅱ段母线失地 A 相失地告警。

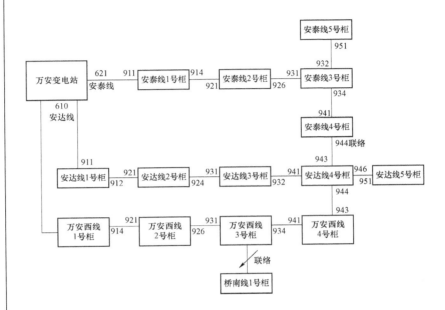

（2）站内选线装置记录的故障波形如下图，故障选线结果为 621 安泰线。

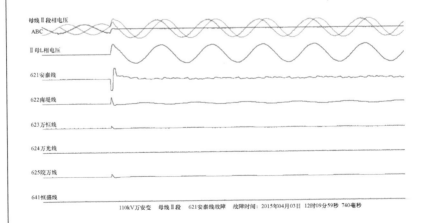

（3）对比分析 621 安泰线各终端、各检测点的录波波形，如下图，其中 1 号环网柜 914 断路器终端漏报故障信息。

基本概况描述

基本概况描述	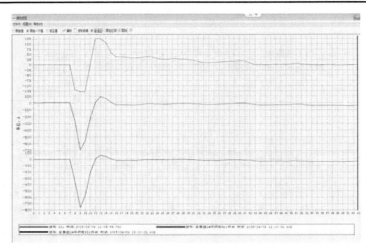 （4）计算各终端间暂态零序电流相似性系数，安泰线 2 号环网柜 921 断路器相似系数为 74.042，安泰线 2 号环网柜 922 断路器相似系数为 99.284，门槛值为 50。  （5）判定故障区段为安泰县 2 号环网柜 922 断路器下游，并输出定位结果。 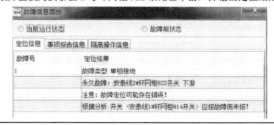
效果评估	该技术投入应用以后效果明显，很好地解决了小电流接地系统的单相接地故障定位难题，利用暂态全信息量的极性比较和无功功率选线方法，克服了现场 TA、TV 极性反接对选线结果的影响；提出了综合暂态功率方向和电流相似性的定位方法，适应现场只有部分检测点可以获得三相电压或零序电压信号的情况；提出综合利用暂态电流相似性和极性的小电流接地故障定位方法，弥补了单纯利用暂态电流相似性算法的不足。可以极大提高故障选线和故障定位效率，减少故障查找时间。
改进建议	建议进一步提高高阻故障检测灵敏度，解决高阻接地故障的定位问题。
适用范围	（1）适用小电流接地系统，包括中性点不接地系统和中性点经消弧线圈接地系统。 （2）可快速准确定位单相接地故障、短路故障。

故障定位技术典型案例 4 如表 5-4 所示。

表 5-4　　　　　　　　　　　　故障定位技术典型案例 4

故障发生时间	2015 年 5 月 8 日 13 时	故障发生地点	湖南省岳阳市
定位技术类别	架空线路带电检测定位技术		
定位技术名称	架空线路超声波巡检定位技术		
应对故障类型	金具锈蚀、树害、线路绝缘间距不足、绝缘子破损、绝缘皮层老化、柱上设备接触不良、帮扎线松动、开关刀闸等腐蚀接触不良、导线受外物磨损、电气设备外表面污秽等缺陷。		
定位技术原理	当高压电气设备内部存在局部放电缺陷时，通常会产生爆裂状的放电超声波，且在周围介质中以球面波的形式向四周传播。按声源在介质中振动的方向与波在介质中传播的方向之间的关系，可以将超声波分为纵波和横波两种形式。纵波又称疏密波，其质点运动方向与波的传播方向一致，能存在于固体、液体和气体介质中，而横波仅能在固体介质中传播。 　　由于超声波频率高、波长短，因此它的方向性较强，能量较为集中。与电测法相比，声测法在复杂设备放电源定位方面有独到的优点。利用超声波及线路放电时的这些特点，超声波带电检测仪器通过采用高精度超声波传感器来采集线路中放电时的异常超声波信号，转化为可听声音、波形和分贝值，直观地反映被检测设备的绝缘状态，然后再通过智能诊断系统来分析线路绝缘的劣化程度。		
技术装备	架空线路超声波巡检定位仪是专门为了提高配电线路的供电稳定性而研发制造的，此装置可在以 30km/h 速度行驶的车辆上进行检测，检测信号有效距离 30m，可以准确检测到架空线路的开关设备、变压器、隔离开关、避雷器和绝缘子等电力设备发生的放电、闪络或击穿时所发生的超声波信号，特别是在周围环境有噪声、干扰及谐波的情况下也可以准确检测到故障位置和故障隐患，进一步通过计算机分析判断故障隐患的类型及严重程度。架空线路超声波巡检定位仪是采用超声频谱探测头（传感器）采集超声波信号，通过分析信号音来诊断配电线路事故隐患的带电检测诊断装置。此装置在带电的情况下判断有故障隐患的线路位置和故障类型，在采集超声波异常信号后，传输到主机，转换为可听声音信号及波形，最后通过分析软件准确地诊断出事故隐患类型及不良等级，可以帮助巡检人员准确发现线路故障隐患预防大事故的发生，避免了不必要的停电，缩小了停电范围，提高了巡检人员的工作效率和电力线路的健康指数。 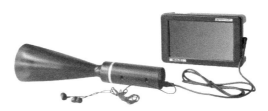 　　主机相关性能：探测器检测到的异常超声波信号转换为可听频谱和分析不良隐患；专业的诊断软件，准确判断不良隐患等级并输出在显示屏上；超大彩色触摸屏，人机界面友好、操作简单灵活；可快速保存现场检测信息；具有检测温度和湿度的功能；通过 GPS 记录检测环境和位置；体积小、质量轻，便于携带，适合户外检测。领域探测器相关性能：质量轻、携带方便，可在行驶速度为 30km/h 车辆上进行检验；灵敏度高、具有方向性和指向性，可对线路故障隐患准确定位；检测时可独立使用；在需要时与主机即插连接，快速使用；检测采用非接触方式，有效检测距离可达 30m，安全可靠；超声波检测可适用于噪声环境，不受环境声音影响专家诊断系统相关性能：主机专家系统综合根据天气、温度、湿度、频率、灵敏度、检测距离、最大值及平均值等参数分析计算得出劣化程度值。		

| 应用实例 | |

2015 年 5 月 8 日 13 时 05 分 10kV 潘宅 864 线雷击（旱雷）故障跳闸后强送重合闸成功，为找出雷击故障点使用架空线路超声波巡检定位仪进行架空线路巡检定位，在巡检到某街路交叉口时，在周围环境嘈杂的情况下，使用架空线路超声波巡检定位仪清晰地听到 10kV 潘宅 864 线 11 号杆上有强烈的放电声音，用架空线路超声波巡检对此杆进行仔细定位检测，确定此杆上电压互感器位置存在缺陷，且放电严重

10kV 潘宅 864 线　检测报告

基本概况描述

● 检测日期：	2015 − 05 − 13						
● 线路编号：	11 号	● 管理编号：	2				
● 设备种类：	变压器	● 设备状态：	绝缘护套破损/烧痕				
● 诊断建议：	危急缺陷，近期进行检修或更换	● 检测人员：	博电技术人员				

天气	温度（℃）	湿度（%）	频率（kHz）	灵敏度（dB）	检测距离（m）	最大值（dB）	平均值（dB）	劣化程度
晴天	33	75	40	119	12	120	88	105

之后立即将此缺陷报至运检部，于 12h 内对现场缺陷进行验证，工区出具工程车 1 辆，带电作业 1 个检修班。带电作业车升空作业发现该杆塔上 PT 存在严重裂痕。缺陷位置及缺陷类型与架空线路超声波巡检定位仪发现的问题完全一致。

基本概况描述	 电压互感器缺陷照片 　　在巡视配电线路架空线时，遇到较高的杆塔通过肉眼很难发现杆塔上设备明显的缺陷，使用架空线路超声波巡检定位仪通过搜索放电发生的超声波信号，能有效地找到放电区域。结合带电作业车，能有效地查找到线路中的绝缘缺陷，避免发生永久性接地故障
安装和操作的步骤和流程	现场检测流程： 　　检测人员携带架空线路超声波巡检定位仪，顺线路以 30km/h 的速度移动，对线路进行检测，具体的流程如图所示： 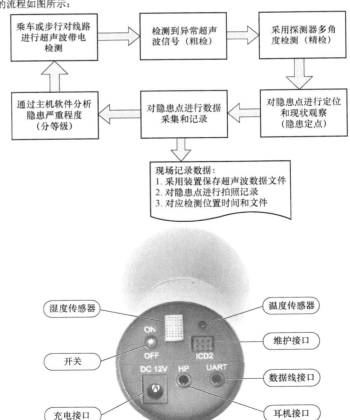

温度传感器：用于检测环境温度，精度为±1℃，开机后将显示当前环境温度；湿度传感器：用于检测环境湿度，精度为 5%，开机后将显示当前环境湿度；开关：用于"开"或"关"，探头"ON"位置为开，"OFF"位置为关，且拔钮显示电池状态、"橙色"表示电池充满电状态、"红色"表示电池正常状态、"绿色"表示电池电量低；充电接口：用于插接充电器，输入电压为 12VDC；耳机接口："HP"为耳机接口；数据线接口："UART"为数据线接口，用于连接主机；维护接口："ICD2"为维护接口，用于连接 PC 维护。

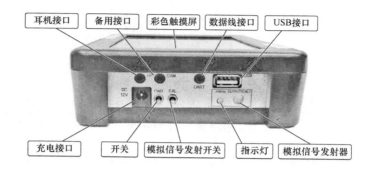

耳机接口，HP 为耳机接口，用于监听局部放电信号；备用接口，"CAM"，用于其他备用；彩色触摸屏，7＂Touch（320x240）；数据线接口，"UART"为数据线接口，用于连接探头；USB 接口，用于连接主机与计算机，传输数据；充电接口，DC/12V，使用标配充电插头连接主机进行充电；开关，"PWR"，主机开关；模拟信号发射开关，"CAL"，用于检测探头是否正常工作；指示灯，40kHz，开启"CAL"时，该指示灯变亮；模拟信号发射器，OUDPUT（CAL），开启"CAL"时，发出持续 40kHz 电波用于检测探头是否正常工作。

主机开机后可直接进入初始界面：

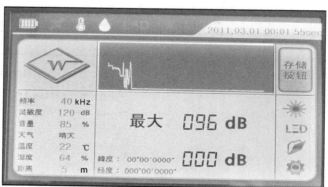

波形区：实时显示检测波形；存储按钮：存储数据按钮，当检测到异常信号时，可触摸此按钮对检测数据进行存储；常规数据区：显示频率、灵敏度、音量、天气、温度、湿度、距离数据；实时数据区：实时显示被检测位置的超声波信号及检测位置的经度和纬度；功能区：用于进入功能选单和存储文件选单。

文件存储方法：在检测到异常超声波信号时，需要对其进行录音，经过存储等待时间后，进入存储状态，同时存储按钮变为黑色，当存储按钮颜色恢复正常时，表示存储完毕，可进行下一次存储。

打开存储文件：文件目录：显示所有存储的文件；波形播放栏：可以播放录制的波形，具有播放、暂停、停止功能；显示栏：显示所选文件内容。当触摸 ↰ 键时，返回到初始界面。

安装和操作的步骤和流程

安装和操作的步骤和流程	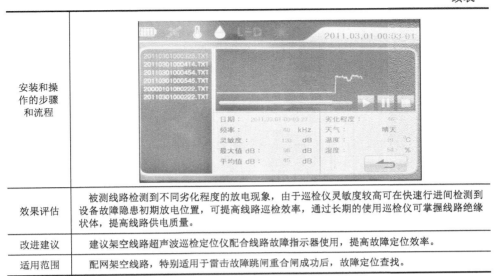
效果评估	被测线路检测到不同劣化程度的放电现象，由于巡检仪灵敏度较高可在快速行进间检测到设备故障隐患初期放电位置，可提高线路巡检效率，通过长期的使用巡检仪可掌握线路绝缘状体，提高线路供电质量。
改进建议	建议架空线路超声波巡检定位仪配合线路故障指示器使用，提高故障定位效率。
适用范围	配网架空线路，特别适用于雷击故障跳闸重合闸成功后，故障定位查找。

故障定位技术典型案例 5 如表 5-5 所示。

表 5-5　　　　　　　　故障定位技术典型案例 5

故障发生时间	2015 年 6 月 5 日 16 时	故障发生地点	湖南省长沙市
定位技术类别	电缆线路带电检测定位技术		
定位技术名称	电缆线路分支箱、环网柜超声波及地电波局放定位技术		
应对故障类型	爬距及空气间隙不够（容易产生气隙放电）；制造装配量及工艺不良（容易产生悬浮或电晕放电）；接点容量不足或接触不良（容易产生悬浮放电）；环境条件的影响（容易产生电晕放电）。		
定位技术原理	超声波检测原理：高压电器设备内部存在局部放电，在放电过程中，伴随着爆裂状的声发射，产生超声波，且很快向四周介质传播。由于超声波频率高其波长较短，它的方向性较强，能量集中，容易进行局部放电检测。将超声波信号转换为人耳可以听到的声音，通过测量超声波信号的声压大小，可以推测出放电的强弱，同时还可进行数字化显示，进行图谱显示，将超声波量化。		

定位技术原理	暂态地电压检测原理：高压开关柜内部局部放电产生的电磁波可以通过金属箱体的接缝处或者气体绝缘开关的衬垫传播出去，同时产生一个暂态对地电压，通过设备的金属箱体外表面传到地下，检测原理如下图所示。 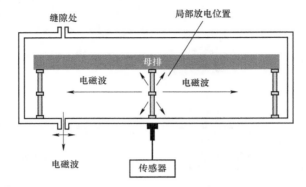 通过检测局部放电产生的暂态对地电压信号，不仅可以对开关柜内部局部放电状况进行定量测试，而且可以通过比较同一放电源到不同传感器的时间差异进行定位，定位原理如图所示。 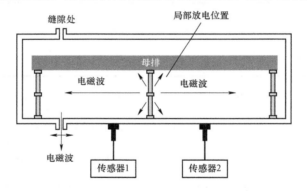
技术装备	暂态地电压检测性能参数： 　传感器：电容性；测量范围：0~60dBmV；分辨率：1dB；精度：±1dB；每周期最大脉冲数：655；最小脉冲频率：10Hz。 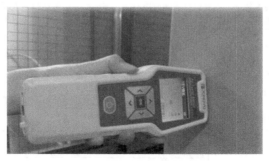 TEV 检测功能

148

技术装备	超声波检测性能参数： 测量范围：−7dBμV～68dBμV；分辨率：1dB；精度：±1dB；传感器中心频率：40kHz 传感器直径：16mm；外差频率：38.4kHz；传感器灵敏度：−65dB（0dB=1volt/μbar 有效值 SPL）。  超声波检测功能
	应用实例
基本概况描述	2015 年 6 月 5 日 16 时 20 分 10kV 花园线故障跳闸后强送重合闸成功，为定位故障点使用电缆分支箱、环网柜超声波及地电波局放定位仪进行电缆分支箱、环网柜巡检定位，在周围环境嘈杂的情况下，使用超声波及地电波局放定位仪发现 10kV 花园线 4 号分支箱内有放电声音，超声地电波局放定位检测仪对分支箱金属柜体进行 TEV 地电波检测，发现检测得到的 TEV 地电波数值明显大于附近金属物表面的 TEV 数值，并且环比其他分接箱的 TEV 数值，该分接箱的 TEV 地电波数值也明显偏高。  该市供电公司配网检修班组人员进行开箱检查。发现分支箱内电缆 A、B 相电缆护套有灼伤痕迹。经分析，该灼伤痕迹系电缆内部产生局部放电，长期的局部放电导致电缆绝缘层不断被放电灼伤，最后灼伤已经蔓延至外护套表面可见的程度。
安装和操作的步骤和流程	（1）地电波检测模式。长按开机键 ⏻ 2s 后设备开机并进入开机画面，显示 3s 后进入初始界面。 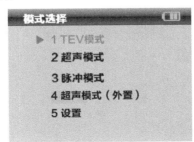

安装和操作的步骤和流程	通过导航键上 ∧、下 ∨、左 <、右 > 及 OK 键 OK 选择设备工作模式。 通过 OK 键进入 TEV 测量模式 进入 TEV 检测功能后。设备器前端紧贴在开关柜表面 2s 后，界面显示测得的 TEV 强度。历史最大值为本次开机所有测量组别中的最大值。当前最大值表示选择当前 TEV 功能后的测得最大值。左下方为最近 5s 内的 TEV 强度柱状图，其颜色随着 TEV 值的变化而变化。右侧为报警灯设置，由弱到强依次为蓝色预警，橙色预警，红色预警。左上方的返回和保存按键，通过左右按键来回切换，被选中的按键会显示深蓝色，OK 可以触发这个按键的功能，采集的时候，会连续存储五个数据到 SD 卡里，并且会弹出对话框，要求输入存储的编号。 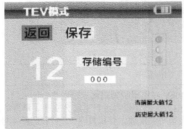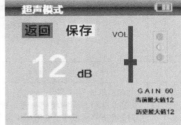 当存储完成时，会弹出对话框，提示存储完成，OK 确认即可。 （2）超声波模式。通过导航键 ∨ 及 OK 键进入超声模式。在测量同时可将耳机插入主机 3.5mm 耳机插孔，监听开关柜内超声信号。声音会随着超声示数不同而变化。 将设备超声传感器对准所测部位（非接触）2s 后，界面显示测得的超声强度。GAIN 为增益值，例如：当选择 GAIN 为 60 时，超声测量范围为 0～68dB。 左下方为最近 5s 内的超声强度柱状图，其颜色随着超声值的变化而变化。右侧为报警灯设置，由弱到强依次为蓝色预警，橙色预警，红色预警。中间的蓝色柱状即为耳机音量的大小显示，可以通过上下按键来调节音量大小。左上方的返回和保存按键，通过左右按键来回切换，被选中的按键会显示深蓝色，OK 可以触发这个按键的功能，采集的时候，会连续存储五个数据到 SD 卡里，并且会弹出对话框，要求输入存储的编号 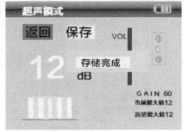 当存储完成时，会弹出对话框，提示存储完成，OK 确认即可。 超量程测量 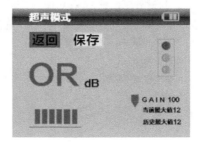

安装和操作的步骤和流程	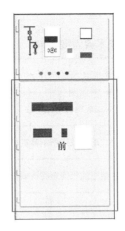 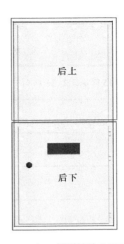 当选择 GAIN 设定为 100 时，超声测量范围为 −7～25dB。界面显示 GAIN 100，此时，当测量值超过 25dB 时，界面显示 OR，此时需减小放大倍数才可准确测量。在检测开关柜类设备前，需要对环境噪声的数值进行检测。检测地电波背景数值是可以选取铁门、铁窗或者接地的结束构架上。超声波背景数值的检测需要将检测仪置于开关室内的空中，不要讲检测仪朝向柜体。 检测流程：① 检测前准备工作，取出仪器，检测前对仪器进行自检，确保仪器可以正常使用，且性能满足检测要求；② 对电缆分支箱、环网柜进行检测，超声波检测使用仪器对准开关柜缝隙进行扫听，地电波检测需要紧贴柜体表面。若检测发现异常，进行定位措施；③ 检测工作结束，对检测现场进行整理，对检测数据进行记录。 地电波检测位置：  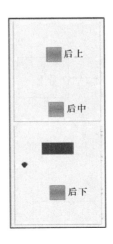 
效果评估	被测线路检测到不同劣化程度的放电现象，由于巡检仪灵敏度较高可在快速行进间检测到设备故障隐患初期放电位置，可提高线路巡检效率，通过长期的使用巡检仪可掌握线路绝缘状体，提高线路供电质量
适用范围	配网架空线路，特别适用于雷击故障跳闸重合闸成功后，故障定位查找

5.2.2 短路故障定位案例

故障定位技术典型案例 6 如表 5-6 所示。

表 5-6   故障定位技术典型案例 6

故障发生时间	2015 年 4 月 21 日 14 时	故障发生地点	福建省泉州市南安市
定位技术类别	集中式配电自动化定位		
定位技术名称	基于无线 "二遥" 故障指示器定位技术		
应对故障类型	可应对架空线相间短路故障定位		
定位技术原理	采用具备 "二遥" 功能的故障指示器，将翻牌和电流信息上传到主站进行逻辑判断，能够实现故障区段的进一步判断。故障指示逻辑公式如下。 $$\begin{cases} I_f \geq 600 \\ 故障指示器翻牌动作 \end{cases}$$ 当以上公式同时满足时，主站系统即给出故障区段诊断。即发生故障时，指示器检测到瞬间电流 I_f 大于正常负荷电流值，同时指示器发生翻牌动作，这个时候主站系统即判断出该指示器后段发生短路故障。指示器翻牌的条件是检测到短路故障后电流突变，持续一小段时间排除抖动，且线路发生了停电，此时即给出翻牌动作。因此，可在系统中查看供电路径上故障指示器的动作情况，当前一个故障指示器动作而后一个故障指示器未动作，这就是发生故障的区间。巡视人员根据该定位区间寻找故障点，能够达到快速定位的目的。 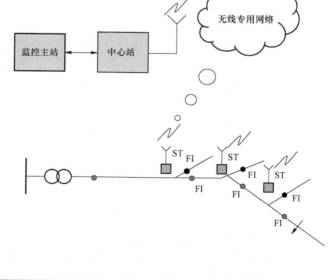		
技术装备	架空线路故障定位系统		

152

	应用实例
基本概况描述	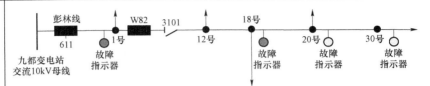 2017 年 4 月 21 日 14:36 九都变 10kV 彭林线过流 I 段动作跳闸,重合不成功。 　　从故障定位系统可以看出,10kV 彭林线 1 号杆、18 号杆故障指示器翻牌动作,20 号杆及后段故障指示器未翻牌动作。 　　故障定位系统通过比较故障指示器返回的数据,判定电流确实超过正常运行电流且翻牌动作,因此判断为:"10kV 彭林线故障区间为 18~20 号杆之间"。 　　现场巡视人员直接到 10kV 彭林线 18~20 号杆之间进行巡视,发现 10kV 彭林线 19~20 号杆之间有竹子压到导线,如图所示。 　　工作人员采用绝缘棒将竹子挑开到安全位置,砍伐处理后送电,送电时间为 15:01,总共耗时约 25min。 
安装和操作的步骤和流程	故障指示器应根据线路运行需要进行布置安装,条件允许的可 1~2km 安装一组。
效果评估	架空线路故障定位系统解决了故障查找困难的问题,特别是对于线路长、地理环境差、人员到达困难的线路,可以极大提高故障查找效率,减少故障查找时间。将故障的查找时间从原来的 1h 30min 缩短到 30min(福建省南安供电公司数据),大大地提高了工作效率,减少了人力的浪费,提高了供电可靠性。同时操作人员大量减少了逐基登杆检查的登高坠落风险及触电风险,保障了故障巡视人员的人身安全
改进建议	
适用范围	(1)适用架空线路相间短路故障的查找。 (2)故障定位有效范围 30km 以内。 (3)对 10kV 架空线路存在分支,并且为分支的接地故障,同样有效。 (4)若线路存在 10kV 电缆(即混合线路),电缆头尾安装故障指示器,可以辅助定位是线路问题还是电缆问题。 (5)具备无线专用网络通信条件的地区(GSM 或 LTE 或电力专用网络)

小　结

　　本章节主要介绍了配网线路单相接地故障选线、定位技术及方法，包含传统选线方法（拉线选线法）、注入信号选线方法（S 信号注入选线法）、稳态分量选线方法（中电阻选线法）、暂态分量选线方法（零序暂态电流选线法、首半波选线法、小波选线法）、综合选线方法（基于小波包变换的模糊神经网络综合选线法、粗糙集理论综合选线法）的选线原理、选线技术方法及巡线定位法、暂态信号定位法、外施信号定位法、声测定位法、低压脉冲定位法、S 注入定位法、行波注入定位法、故障指示器定位法的定位原理、定位技术方法；介绍了配网线路短路故障定位技术及方法，包含就地式 FA、集中式 FA 和智能分布式等定位法的定位原理、定位技术方法；介绍了配网线路断线故障定位技术及方法，包含人工巡线、单相断线故障、多相断线故障定位法的定位原理、定位技术方法；罗列了配网线路单相接地故障定位案例、配网线路短路故障定位案例和配网线路断线故障定位案例。

附录 规划供电区域划分

规划供电区域划分见附表1。

附表1 规划供电区域划分表

规划供电区域		A+	A	B	C	D	E
行政级别	直辖市	市中心区或 $\sigma \geqslant 30$	市区或 $15 \leqslant \sigma < 30$	市区或 $6 \leqslant \sigma < 15$	城镇或 $1 \leqslant \sigma < 6$	农村或 $0.1 \leqslant \sigma < 1$	—
	省会城市、计划单列市	$\sigma \geqslant 30$	市中心区或 $15 \leqslant \sigma < 30$	市区或 $6 \leqslant \sigma < 15$	城镇或 $1 \leqslant \sigma < 6$	农村或 $0.1 \leqslant \sigma < 1$	—
	地级市(自治州、盟)	—	$\sigma \geqslant 15$	市中心区或 $6 \leqslant \sigma < 15$	市区、城镇或 $1 \leqslant \sigma < 6$	农村或 $0.1 \leqslant \sigma < 1$	农牧区
	县(县级市、旗)	—	—	$\sigma \geqslant 6$	城镇或 $1 \leqslant \sigma < 6$	农村或 $0.1 \leqslant \sigma < 1$	农牧区

注：1. σ 为供电区域的规划负荷密度（MW·km^{-2}）。
 2. 供电区域面积一般不小于 5km^2。
 3. 计算负荷密度时，应扣除 110（66）kV 专线负荷，以及高山、戈壁、荒漠、水域、森林等无效供电面积。

参 考 文 献

[1] 陈彬，张功林，黄建业. 配电自动化系统实用技术 [M]. 北京：机械工业出版社，2015.

[2] 郭谋发，高伟，陈彬. 配电自动化技术 [M]. 北京：机械工业出版社，2012.

[3] 李天友. 配电技术 [M]. 北京：中国电力出版社，2008.

[4] 刘健，倪建立，邓永辉. 配电自动化系统 [M]. 北京：中国水利水电出版社，2003.

[5] 袁钦成. 配电系统故障处理自动化技术 [M]. 北京：中国电力出版社，2007.

[6] 王益民. 实用型配电自动化技术 [M]. 北京：中国电力出版社，2008.

[7] 薛永端，冯祖仁，徐丙垠. 中性点非直接接地电网单相接地故障暂态特征分析 [J]. 西安交通大学学报，2004，38（2）：195－199.

[8] 刘健，董建洲，陈星莺，等. 配电网故障定位与供电恢复 [M]. 北京：中国电力出版社，2012.

[9] 郭谋发，杨耿杰，黄建业，等. 配电网馈线故障区段定位系统 [J]. 电力系统自动化学报，2011，23（2）：18－23.

[10] 陈堂，赵祖康，陈星莺，等. 配电系统及其自动化技术 [M]. 北京：中国电力出版社，2003.

[11] 刘东. 配电自动化系统试验 [M]. 北京：中国电力出版社，2004.

[12] 李景恩. 变配电设备 [M]. 北京：煤炭工业出版社，2005.

[13] 王明俊，于尔铿，刘广一. 配电系统自动化及其发展 [M]. 北京：中国电力出版社，1997.

[14] 王晓丽. 供配电系统 [M]. 北京：机械工业出版社，2004.

[15] Q/GDW 514—2010 配电自动化终端子站功能规范 [S]. 北京：中国电力出版社，2010.

[16] Q/GDW513—2010 配电自动化主站系统功能规范 [S]. 北京：中国电力出版社，2010.

[17] Q/GDW10370—2016 配电网技术导则 [S]. 北京：中国电力出版社，2016.

[18] 要焕年，曹梅月. 电力系统谐振接地 [M]. 北京：中国电力出版社，2009，3.

[19] 李润先. 中压电网系统接地实用技术 [M]. 北京：中国电力出版社，2002.

[20] 齐郑. 小电流接地系统单相接地故障选线及定位技术的研究 [D]. 北京：华北电力大学，2005.

[21] 毛鹏，孙雅明，张兆宁，等. 小波包在配电网单相接地故障选线中的应用 [J]. 电网技术，2000（24）：10－17.

[22] 王新超，桑在中. 基于 S 注入法的一种故障定位新方法 [J]. 继电器，2991（29）：9－12.

[23] 陈化为. 小电流接地系统单相接地故障选线软件算法的研究 [D]. 北京：华北电力大

学，2000.

[24] 陈炯聪，齐郑，杨奇逊，等. 基于模糊理论的小电流单相接地选线装置 [J]. 电力系统自动化，2004（28）：12－15.

[25] 郑顾平. 配电网自动化系统小电流接地故障定位方法 [D]. 北京：华北电力大学，2012.

[26] 陈平，葛耀中，索南加乐，等. 基于故障开断暂态行波信息的输电线路故障测距研究 [J]. 中国电机工程学报，2000（20）：20－25.

[27] 高玉华. 配电网单相接地故障自动隔离与定位技术研究 [D]. 北京：华北电力大学，2009.

[28] 戚宇林. 中亚配电网单相接地故障定位的研究与实现 [D]. 北京：华北电力大学，2007.

[29] 司冬梅. 10kV 配电网离线故障定位和检测系统的研究 [D]. 北京：华北电力大学，2008.

[30] 李砚. 配电网单相接地故障定位技术的研究与应用 [D]. 北京：华北电力大学，2011.

[31] 杨以涵，齐郑. 中压配电网单相接地故障选线及定位技术 [M]. 北京：中国电力出版社，2014.

[32] 马腾. 10kV 配电线路断线故障检测与定位研究 [D]. 济南：山东大学，2013.

[33] 陈维江，沈海滨，陈秀娟，等. 10kV 配电网架空绝缘导线雷击断线防护 [J]. 电网技术，2007：34－37.

[34] 王琦，杨梅. 小电流接地系统线路断线分析 [J]. 电力学报，2007：121－124.

[35] 朱玲玲. 基于小波变换配电网单相断线故障选线与定位 [D]. 新疆大学，2009.

[36] 李如琦，黄欢，张振兴，等. 小电流系统单相不完全接地故障分析 [J]. 广西大学学报（自然科学版），2007（32）：367－370.

[37] 张保会，尹项根. 电力系统继电保护 [M]. 北京：中国电力出版社，2005.

[38] 刘万顺. 电力系统故障分析 [M]. 北京：中国电力出版社，2010.

[39] 童奕宾，尤智文，李姝. 小电阻接地系统间歇性弧光过电压分析 [J]. 电力系统及其自动化学报，2012（24）：116－120.

[40] 国家电网公司人力资源部. 配电电缆 [M]. 北京：中国电力出版社，2010.

[41] 于景丰. 电力电缆应用技术问答 [M]. 北京：中国水利水电出版社，2007.

[42] 区家辉. 10kV 电力电缆常见故障处理 [J]. 云南电力技术，2008（8）.

[43] 王亚平，任小虎. 10kV 配电网单相接地故障成因与排除方法分析 [J]. 广东科技，2013（10）：45－59.

[44] 张勇. 10kV 配电网单相接地故障处理策略 [J]. 中国科技信息，2005（5）：189－190.

[45] 杨蓝文. 10kV 配网单相接地故障分析及处理方案分析 [I]. 中国高新技术企业，2016（18）：138－139.

[46] 张林利，徐丙垠，薛永端，高厚磊. 基于线电压和零模电流的小电流接地故障暂态定位方法 [J]. 中国电机工程学报，2012（13）：110－115.

[47] 郑俊哲，袁钦成. 配电系统单相接地故障检测技术的新成果 [J]. 沈阳工程学院学报，

2007（3）：263 – 265.

[48] 陈毅勇. 浅谈 10kV 配电线路单相接地故障及变压器防雷措施 [J]. 广东科技，2009（223）：144 – 145.

[49] 杨连艳，崔春全，冯丽. 小电流接地系统单相接地故障处理 [J]. 当代化工，2013（9）：1270 – 1272.

[50] 冯天民，卢毅，钱程. 小电流接地选线装置的现状及发展趋势研究 [J]. 动力与电气工程，2013（35）：111 – 113.

[51] 国家电网公司人力资源部. 国家电网公司生产技能人员职业能力培训专用教材配电线路检修 [M]. 北京：中国电力出版社，2010.

[52] 肖希凤. 配电线路单相断线故障检测技术研究 [D]. 济南：济南大学，2016.

[53] 李帅. 10kV 级油浸式配电变压器漏磁场和抗短路能力的研究 [D]. 天津：河北工业大学，2014.